Ulli Sommer
**Arduino**

Ulli Sommer

# Arduino

Mikrocontroller-Programmierung mit Arduino/Freeduino

Mit 125 Abbildungen

**Bibliografische Information der Deutschen Bibliothek**

Die Deutsche Bibliothek verzeichnet diese Publikation in der Deutschen Nationalbibliografie; detaillierte Daten sind im Internet über http://dnb.ddb.de abrufbar.

Alle Angaben in diesem Buch wurden vom Autor mit größter Sorgfalt erarbeitet bzw. zusammengestellt und unter Einschaltung wirksamer Kontrollmaßnahmen reproduziert. Trotzdem sind Fehler nicht ganz auszuschließen. Der Verlag und der Autor sehen sich deshalb gezwungen, darauf hinzuweisen, dass sie weder eine Garantie noch die juristische Verantwortung oder irgendeine Haftung für Folgen, die auf fehlerhafte Angaben zurückgehen, übernehmen können. Für die Mitteilung etwaiger Fehler sind Verlag und Autor jederzeit dankbar. Internetadressen oder Versionsnummern stellen den bei Redaktionsschluss verfügbaren Informationsstand dar. Verlag und Autor übernehmen keinerlei Verantwortung oder Haftung für Veränderungen, die sich aus nicht von ihnen zu vertretenden Umständen ergeben. Evtl. beigefügte oder zum Download angebotene Dateien und Informationen dienen ausschließlich der nicht gewerblichen Nutzung. Eine gewerbliche Nutzung ist nur mit Zustimmung des Lizenzinhabers möglich.

© 2010 Franzis Verlag GmbH, 85586 Poing

Alle Rechte vorbehalten, auch die der fotomechanischen Wiedergabe und der Speicherung in elektronischen Medien. Das Erstellen und Verbreiten von Kopien auf Papier, auf Datenträgern oder im Internet, insbesondere als PDF, ist nur mit ausdrücklicher Genehmigung des Verlags gestattet und wird widrigenfalls strafrechtlich verfolgt.

Die meisten Produktbezeichnungen von Hard- und Software sowie Firmennamen und Firmenlogos, die in diesem Werk genannt werden, sind in der Regel gleichzeitig auch eingetragene Warenzeichen und sollten als solche betrachtet werden. Der Verlag folgt bei den Produktbezeichnungen im Wesentlichen den Schreibweisen der Hersteller.

**Satz:** Fotosatz Pfeifer, 82166 Gräfelfing
**art & design:** www.ideehoch2.de
**Druck:** Bercker, 47623 Kevelaer
Printed in Germany

**ISBN 978-3-645-65034-2**

# Vorwort

Vielen fällt der Einstieg in die Mikrocontroller-Programmierung und die dazugehörige Elektronik schwer. Bei den meisten Mikrocontroller-Systemen muss man sich zuvor durch unzählige und für den Anfänger schwer verständliche Datenblätter wälzen. Die Programmieroberflächen sind meist viel zu kompliziert und mehr für professionelle Programmierer ausgelegt. Somit bleibt manchem der Zugang in die Welt der Mikrocontroller für immer verwehrt.

*Arduino* ist eine leicht zu verstehende Open-Source-Plattform, basierend auf einem Mikrocontrollerboard und einer Entwicklungsumgebung mit einer API (Programmier-Schnittstelle) für den Mikrocontroller. Für die Interaktion zwischen Mensch und Mikrocontroller können diverse analoge und digitale Sensoren angeschlossen werden, die die Umwelt erfassen und die Daten an den Mikrocontroller weitergeben. Der Mikrocontroller verarbeitet die eingehenden Daten, und durch das Programm entstehen neue Ausgabedaten in analoger oder ditgitaler Form. Hierbei sind der Kreativität des Entwicklers fast keine Grenzen gesetzt.

Die Arduino-Programmieroberfläche unterstützt den Entwickler bei seinen Vorhaben durch ihre vorgefertigten Programme und Funktionsbibliotheken. Das einfache Zusammenspiel aus Hard- und Software bildet die Basis für *Physical Computing*: die Verbindung der realen Welt mit der des Mikrocontrollers, die aus Bits und Bytes besteht. Dieses Buch zeigt Ihnen Schritt für Schritt, wie Sie den leichten Einstieg in diese Welt finden.

Viel Spaß beim Lesen und Experimentieren mit diesem Buch!

Ulli Sommer

# CD-ROM zum Buch

Diesem Buch liegt eine CD-ROM bei, die verschiedene Programme, Tools, Datenblätter und Beispiele enthält. Die CD-ROM erleichtert Ihnen das Arbeiten mit diesem Buch. Die hier abgedruckten Beispiele sind auf der CD-ROM enthalten.

## Inhalt der CD-ROM

- Arduino-Entwicklungsumgebung (IDE)
- Beispiel-Programmcode zum Lehrgang
- Diverse Tools
- Datenblätter
- Schaltpläne

## GPL (General Public License)

Sie können Ihre eigenen Programme mit anderen Anwendern über das Internet austauschen. Die Beispielprogramme stehen unter der Open-Source-Lizenz *GPL* (General Public License). Daher sind Sie berechtigt, die Programme unter den Bedingungen der GPL zu modifizieren, zu veröffentlichen und anderen Anwendern zur Verfügung zu stellen, sofern Sie Ihre Programme dann ebenfalls unter die GPL-Lizenz stellen.

## Systemvoraussetzung

Ab Pentium III-PC, Windows 98SE/ME/XP/Vista/Windows 7, Linux, Mac OS, CD-ROM-Laufwerk, Java

## Updates und Support

Arduino wird ständig weiterentwickelt. Updates können kostenlos von der Website *www.arduino.cc* heruntergeladen werden (es fallen nur Ihre üblichen Online-Kosten an).

## Vorbereitungen

Die vorgestellten Experimente können mit wenigen, meist preiswerten Teilen – aus der Bastelkiste oder extra gekauft – durchgeführt werden. Im Anhang finden Sie eine Liste der Teile und Liefernachweise für den Bezug der Komponenten.

Für die Experimente und Versuche brauchen Sie weder Batterien noch eine zusätzliche Stromversorgung.

Als sinnvolle und hilfreiche Ergänzung kann ein Vielfachmessinstrument (Multimeter) und/oder eine Schnittstelle zum Computer zur Strom- und Spannungsmessung verwendet werden. Damit können zusätzliche Experimente durchgeführt werden und es sind weitere spannende Zusammenhänge erfahrbar. Außerdem ist es nützlich, eine handelsübliche Akkuzelle der Größe AA (Mignon) oder AAA (Micro) für einige Experimente der Ladetechnik zur Verfügung zu haben.

Das Buch vermittelt die wichtigsten Grundlagen der Mikrocontrollertechnik. Außerdem werden beispielhafte praktische Anwendungen vorgestellt, mit deren Hilfe es möglich wird, eigene Schaltungen und Erfindungen rund um die Mikrocontrollertechnik zu entwickeln.

Sie können Ihr Equipment auch um eine Sortimentsbox ergänzen. Darin werden alle Einzelteile griffbereit und übersichtlich aufbewahrt.

# Inhaltsverzeichnis

| | | |
|---|---|---|
| 1 | **Mikrocontroller-Grundlagen** | **13** |
| | 1.1 Aufbau und Funktionsweise | 14 |
| | 1.1.1 Die CPU | 14 |
| | 1.1.2 Arbeits- und Programmspeicher | 15 |
| | 1.2 Peripherie | 16 |
| | 1.3 Technologievergleich: RISC und CISC | 16 |
| | 1.3.1 CISC-Technologie | 17 |
| | 1.3.2 RISC-Technologie | 17 |
| | 1.3.3 Vergleich | 17 |
| 2 | **Programmierung der Mikrocontroller** | **19** |
| | 2.1 Was ist ein Programm? | 19 |
| | 2.2 Programmierung in C | 19 |
| 3 | **Eine kleine Übersicht über die ARDUINO-Mikrocontroller-Familie** | **21** |
| | 3.1 Arduino Mega | 22 |
| | 3.2 Arduino Duemilanove | 23 |
| | 3.3 Arduino Mini | 24 |
| | 3.4 Arduino Nano | 25 |
| | 3.5 Arduino Pro Mini | 26 |
| | 3.6 Arduino Pro | 27 |
| | 3.7 LilyPad | 28 |
| | 3.8 USB-Adapter | 29 |
| 4 | **Arduino Shields** | **31** |
| | 4.1 Arduino ProtoShield | 31 |
| | 4.2 Ardumoto | 32 |
| | 4.3 TellyMate | 33 |
| | 4.4 ArduPilot | 34 |
| | 4.5 Ethernet Shield | 36 |
| 5 | **Bauteile** | **37** |
| | 5.1 Teileliste Basisexperimente | 37 |
| | 5.2 Teileliste Zusatzexperimente (I²C, LCD ...) | 38 |
| | 5.3 Das Freeduino-Experimentierboard | 38 |
| | 5.4 Anschlüsse und LEDs des Freeduino-Mikrocontroller-Experimentierboards | 39 |
| | 5.5 Die Stromversorgung | 40 |

| | 5.6 | Reset-Taster | 40 |
|---|---|---|---|
| | 5.7 | ISP-Anschluss | 40 |
| | 5.8 | Sicherheitshinweise | 41 |
| **6** | **Bauteile und ihre Funktion** | | **43** |
| | 6.1 | Leuchtdioden | 43 |
| | 6.2 | Widerstände | 43 |
| | 6.3 | Kondensatoren | 45 |
| | 6.4 | Transistoren | 47 |
| | 6.5 | Diode | 47 |
| | 6.6 | Piezo-Schallwandler (Buzzer) | 47 |
| | 6.7 | Schaltdraht | 48 |
| | 6.8 | Taster | 48 |
| | 6.9 | Potenziometer | 49 |
| | 6.10 | LDR | 49 |
| | 6.11 | Steckbrett | 50 |
| **7** | **Die ersten Vorbereitungen (Inbetriebnahme)** | | **51** |
| | 7.1 | Treiberinstallation | 51 |
| | 7.2 | Das Tool MProg für den FT232RL | 52 |
| | 7.3 | FT232R mit MProg programmieren | 57 |
| | 7.4 | Die Arduino-Software installieren | 58 |
| **8** | **Die Arduino-Entwicklungsumgebung** | | **61** |
| | 8.1 | Einstellungen in der Arduino-IDE | 63 |
| | 8.2 | Der erste Funktionstest »ES_Blinkt« | 64 |
| | 8.3 | Was haben wir getan? | 67 |
| **9** | **Arduino-Programmiergrundlagen** | | **69** |
| | 9.1 | Bits und Bytes | 69 |
| | 9.2 | Grundsätzlicher Aufbau eines Programms | 70 |
| | 9.2.1 | Sequenzieller Programmablauf | 70 |
| | 9.2.2 | Interruptgesteuerter Programmablauf | 71 |
| | 9.3 | Der Aufbau eines Arduino-Programms | 72 |
| | 9.4 | Das erste eigene Programm mit Arduino | 72 |
| | 9.5 | Arduino-Befehle und ihre Verwendung | 74 |
| | 9.5.1 | Kommentare im Quelltext | 74 |
| **10** | **Weitere Experimente mit Arduino** | | **133** |
| | 10.1 | Der Transistor-LED-Dimmer | 133 |
| | 10.2 | Softer Blinker | 135 |
| | 10.3 | Taster entprellen | 138 |
| | 10.4 | Einschaltverzögerung | 143 |

| | | |
|---|---|---|
| 10.5 | Ausschaltverzögerung | 144 |
| 10.6 | LEDs und Arduino | 145 |
| 10.7 | Größere Verbraucher schalten | 148 |
| 10.8 | DAC mit PWM-Ports | 151 |
| 10.9 | Mit Musik geht alles besser | 156 |
| 10.10 | Romantisches Mikrocontroller-Kerzenlicht | 159 |
| 10.11 | Überwachung des Personalausgangs | 161 |
| 10.12 | RTC (Real Time Clock) | 163 |
| 10.13 | Schuluhrprogramm | 165 |
| 10.14 | Lüftersteuerung | 169 |
| 10.15 | Dämmerungsschalter | 172 |
| 10.16 | Alarmanlage | 174 |
| 10.17 | Codeschloss | 177 |
| 10.18 | Kapazitätsmesser mit Autorange | 181 |
| 10.19 | Potenziometer professionell auslesen | 184 |
| 10.20 | Sensortaster | 186 |
| 10.21 | State Machine | 188 |
| 10.22 | Ein 6-Kanal-Voltmeter mit Arduino | 191 |
| 10.23 | Spannungs-Plotter selbst programmiert | 193 |
| 10.24 | Das Arduino-Speicheroszilloskop | 196 |
| 10.25 | StampPlot, der Profi-Datenlogger zum Nulltarif | 198 |
| 10.26 | Steuern über VB.NET | 202 |
| 10.27 | Temperaturschalter | 205 |

**11 Der I²C-Bus ... 209**

| | | |
|---|---|---|
| 11.1 | Bit-Übertragung | 210 |
| 11.2 | Startbedingung | 210 |
| 11.3 | Stoppbedingung | 210 |
| 11.4 | Byte-Übertragung | 210 |
| 11.5 | Bestätigung (Acknowledgment) | 211 |
| 11.6 | Adressierung | 211 |
| 11.7 | 7-Bit-Adressierung | 211 |

**12 Arduino und der I²C-Bus-Temperatursensor LM75 ... 213**

**13 I²C-Portexpander mit PCF8574 ... 217**

**14 Ultraschallsensoren zur Entfernungsbestimmung ... 221**

| | | |
|---|---|---|
| 14.1 | Der SRF02-Ultraschallsensor | 221 |
| 14.2 | Auslesen der Entfernungsdaten | 222 |

## 15 Arduino mit GPS .................................................................................. 225
- 15.1 Wie viel Satelliten sind notwendig? ..................................................... 226
- 15.2 Wie schließe ich das GPS an Arduino an? ............................................ 227
- 15.3 GPS-Protokoll ..................................................................................... 228

## 16 Stellantrieb mit Servo für Arduino ....................................................... 233
- 16.1 Wie funktioniert ein Servo? ................................................................. 233
- 16.2 Anschluss an Arduino ......................................................................... 234

## 17 LC-Displays *LCDs* ............................................................................... 237
- 17.1 Polarisation von Displays .................................................................... 238
- 17.2 Statische Ansteuerung, Multiplexbetrieb ............................................ 238
- 17.3 Blickwinkel 6 Uhr/12 Uhr .................................................................... 238
- 17.4 Reflektiv, Transflektiv, Transmissiv ...................................................... 239
- 17.5 Die Kontrasteinstellung des Displays .................................................. 240
- 17.6 Der Zeichensatz .................................................................................. 242
- 17.7 Pinbelegung der gängigen LCDs ......................................................... 243
- 17.8 So wird das Display vom Mikrocontroller angesteuert ......................... 244
- 17.9 Initialisierung der Displays .................................................................. 245
- 17.10 Das Display und sein Anschluss am Arduino ....................................... 246
- 17.11 Die erste Ausgabe ............................................................................... 248
- 17.12 Was haben wir genau gemacht? .......................................................... 251

## A Anhang ................................................................................................. 253
- A.1 Arduino zu ATmega Pinmap ................................................................ 253
- A.2 Escape-Sequenzen .............................................................................. 253
- A.3 ASCII-Tabelle ...................................................................................... 255

**Bezugsquellen** ................................................................................................ 259

**Stichwortverzeichnis** ..................................................................................... 261

# 1 Mikrocontroller-Grundlagen

Bevor wir uns näher mit Arduino beschäftigen, ist es wichtig, einen allgemeinen Überblick über die Mikrocontroller zu gewinnen. Mikrocontroller werden vor allem im Bereich der Automatisierungs-, der Mess-, Steuer- und Regeltechnik eingesetzt. Der Vorteil eines Mikrocontroller-Systems ist, auf kleinstem Raum energie- und kosteneffizient physikalische Größen zu messen und zu interpretieren, um darauf aufbauend Entscheidungen zu treffen und Aktionen durchzuführen.

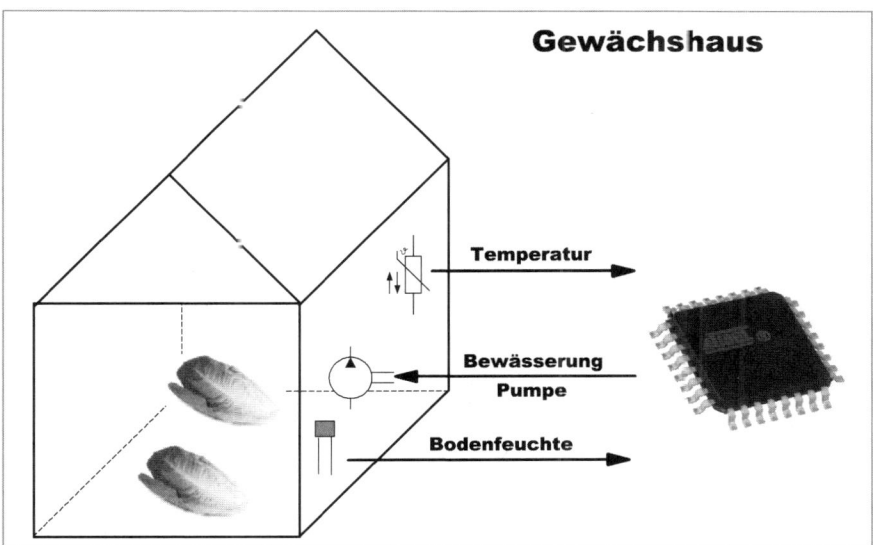

**Bild 1.1:** Beispiel einer Ein- und Ausgabeverarbeitung anhand eines Gewächshauses

Das Spektrum möglicher Anwendungen von Mikrocontrollern reicht vom privaten (z. B. der Steuerung eines Gewächshauses oder der Hausbelichtung) bis zum industriellen Bereich, wo komplette Anlagen mit Mikrocontroller-Systemen gesteuert, gewartet und betrieben werden können. Das obige Bild zeigt eine typische Datenverarbeitung zur Steuerung einer Bewässerungsanlage eines Gewächshauses. Der Controller nimmt dabei über Sensoren die Messwerte der Umgebungstemperatur und Bodenfeuchte auf. Die Messwerte werden durch eine digitale Logik im Mikrocontroller (kurz: $\mu C$ oder $MC$ genannt) interpretiert. Daraufhin wird die Pumpe für die Bewässerung entsprechend angesteuert.

## 1.1 Aufbau und Funktionsweise

Als vollwertiger Computer im Kleinstformat weist jeder Mikrocontroller – ähnlich einem PC – grundlegende Bausteine auf, die in Abb. 1.2 dargestellt sind. Grundbausteine eines jeden Mikrocontrollers sind die CPU, der Arbeitsspeicher (RAM) sowie der Programmspeicher (FLASH) und die Peripherie.

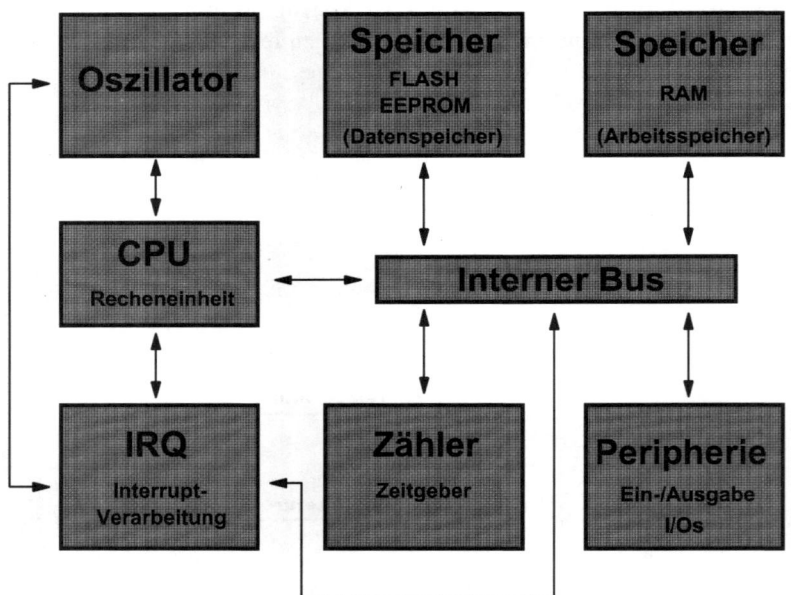

**Bild 1.2:** Prinzipieller Aufbau eines Mikrocontrollers

### 1.1.1 Die CPU

Die wichtigste Funktionseinheit ist die zentrale Recheneinheit, die *CPU* (engl.: Central Processing Unit). Sie kann als das »Gehirn« des Mikrocontrollers verstanden werden. Dort werden Signale ausgewertet und Befehle und arithmetische Operationen abgearbeitet.

## 1.1.2 Arbeits- und Programmspeicher

Arbeits- und Programmspeicher werden in vielen Darstellungen in der Regel logisch getrennt. Das Benutzerprogramm unseres eigenen Programms, das wir selbst geschrieben haben, wird in einem nichtflüchtigen *Flash-Speicher*, dem Programmspeicher, abgelegt. Je nach Controllersystem kann man auf (implementieren) Programmspeicher von mehreren Kilobyte (KB) bis Megabyte (MB) zurückgreifen. Bei einigen Systemen ist es darüber hinaus möglich, den Programmspeicher durch externe Flash-Komponenten aufzustocken.

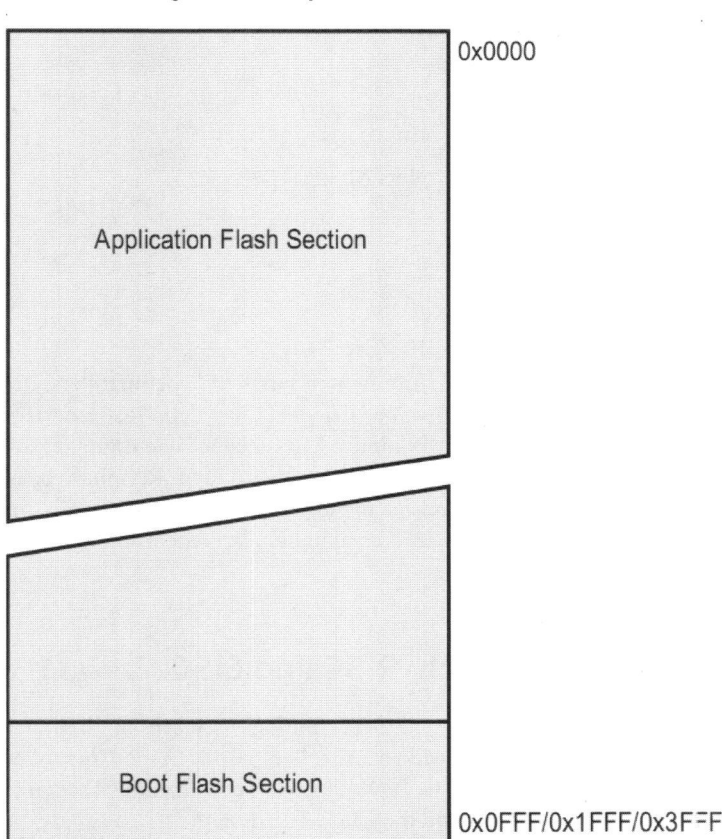

**Bild 1.3:** Der Flashspeicher des Mikrocontrollers ATmega168PA
(Quelle: ATMEL-Datenblatt)

Der Arbeitsspeicher dient zur temporären Ablage von Rechen-, Mess- und Steuergrößen. Hier werden die Ergebnisse der Berechnungen zur Programmlaufzeit abgelegt. Ziel ist, möglichst schnell auf eine begrenzte Anzahl von Daten zugreifen zu können. Dieser RAM-Speicher (engl.: Random Access Memory) ist in der Regel deutlich kleiner als der Flash-Speicher, dafür aber um ein Vielfaches schneller. Die Werte des RAM werden zur Laufzeit erzeugt und sind im Gegensatz zum Flash-Speicher flüchtig, d. h., dass im RAM nach einem Neustart des Controllers keine Werte gespeichert sind.

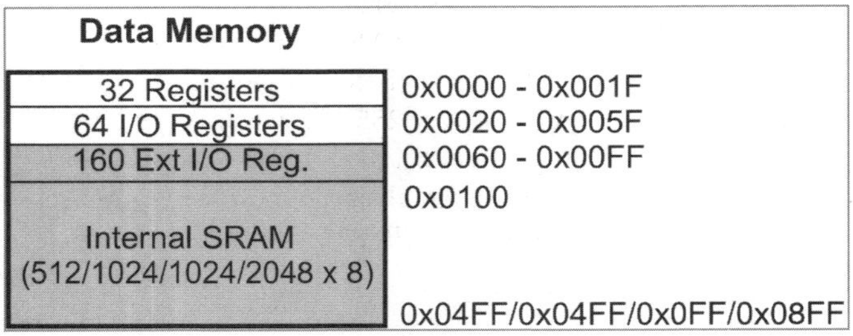

| Data Memory | |
|---|---|
| 32 Registers | 0x0000 - 0x001F |
| 64 I/O Registers | 0x0020 - 0x005F |
| 160 Ext I/O Reg. | 0x0060 - 0x00FF |
| | 0x0100 |
| Internal SRAM (512/1024/1024/2048 x 8) | |
| | 0x04FF/0x04FF/0x0FF/0x08FF |

**Bild 1.4:** Der RAM-Speicher des Mikrocontrollers ATmega168PA (Quelle: ATMEL-Datenblatt)

## 1.2 Peripherie

Als »Peripherie« bezeichnet man jene Komponenten eines Mikrocontrollers, die nicht durch die CPU und Speicherbausteine abgedeckt werden. Insbesondere Komponenten, die eine Schnittstelle zur Außenwelt darstellen, wie digitale Ein- und Ausgänge (kurz: I/O für Input/Output), werden zu den Peripheriebausteinen gezählt. Die meisten Mikrocontroller bieten eine Vielzahl von Ein- und Ausgängen mit verschiedenen Funktionen wie digitale, aber auch analoge Ein- und Ausgänge (ADC und DAC).

## 1.3 Technologievergleich: RISC und CISC

Die Charakterisierung der RISC- und CISC-Technologie ist schon ein tiefer gehender Einblick in die Digital- und Mikrocontrollertechnik. AVR-Controller wie der Arduino basieren auf der RISC-Technologie. Der folgende Abschnitt bietet einen Überblick über die RISC- und die CISC-Technologie.

## 1.3.1 CISC-Technologie

Bei der CISC-Technologie wird der Programmspeicher in den RAM des Systems geladen und teilt sich diesen mit dem Programmspeicher. Man spricht auch davon, dass sich Programmcode und Daten derselben Speicher teilen. Das war insbesondere bei den ersten Computersystemen sinnvoll, da Arbeitsspeicher teuer war.

Ein weiteres, für Mikrocontroller viel entscheidenderes Merkmal ist der Aufbau von Befehlen. Ein CISC-Rechner verfügt über ein großes Sortiment an teils sehr speziellen Befehlen. In der Digitaltechnik ist ein Befehl eine Reihenfolge von bestimmten Bytes. Ein Byte kann 256 (0 bis 255) verschiedene Zustände annehmen. Um mehr als 256 verschiedene Befehle zu implementieren, benötigt man weitere Bytes. So kann es sein, dass ein spezialisierter Befehl aus mehreren Bytes (z. B. fünf Byte) besteht. Das Laden dieses Befehls dauert länger als das Laden eines Befehls, der nur ein Byte lang ist.

## 1.3.2 RISC-Technologie

Man hat festgestellt, dass bei CISC-Rechnern in der Regel etwa 90 % eines Quelltextes aus nur 30 verschiedenen Befehlen bestehen. Auf dieser Grundlage entstand der Gedanke, in der CPU weniger dafür aber kurze und schnelle Befehle zu implementieren. So findet man auf RISC-Mikrocontrollern in der Regel keine Befehle, die aus mehr als drei oder vier Bytes bestehen. Damit verfügt man nicht mehr über so viele spezialisierte Befehle und muss diese aus mehreren kurzen zusammensetzen. Um dabei mindestens die gleiche Leistungsfähigkeit zu erzielen wie bei einem CISC-Rechner, verfügen die meisten RISC-Rechner über eine große Anzahl von Registern. Ein Register ist ein in der CPU befindlicher temporärer, extrem schneller Speicher. Ein weiterer Gegensatz zur CISC-Technologie ist eine klare physikalische und logische Trennung zwischen Programm- und Datenspeicher.

## 1.3.3 Vergleich

Bei einem CISC-Rechner hat man eine Vielzahl spezialisierter Befehle, die in der Regel jedoch eine lange Abarbeitungszeit beanspruchen. Deutlich kürzere Abarbeitungszeiten erreichen die Befehle eines RISC-Rechners. Ein Nachteil dieser Technologie ist jedoch, dass hier die spezialisierten Befehle durch mehrere Befehle nachgebildet werden müssen. Die Vor- und Nachteile der CISC- oder RISC-Technologie halten sich etwa die Waage. Außerdem sollte beachtet werden, dass es keinen reinen RISC- und keinen reinen CISC-Rechner gibt.

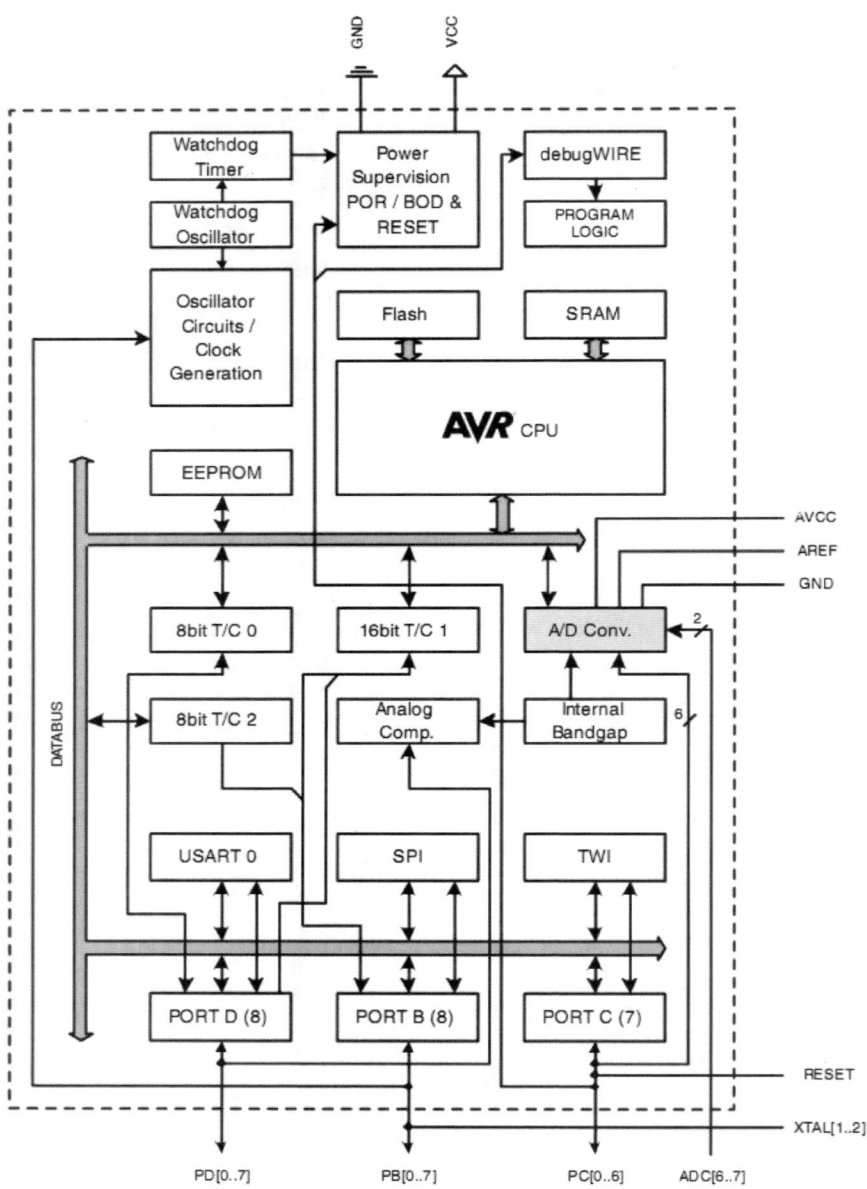

**Bild 1.5:** Das Blockschaltbild der Mikrocontroller-Blockschemata – hier sind die internen Strukturen des Controllers gut zu erkennen. (Quelle: ATMEL-Datenblatt)

# 2 Programmierung der Mikrocontroller

Mit der zunehmenden Integration von Halbleiterbauteilen wie Mikroprozessoren hielten Mikrocontroller immer stärker Einzug in die Anwendungsgebiete der Mess-, Steuer- und Regelungstechnik. Aber auch im Hobbybereich wurden die Mikrocontroller immer beliebter. Das liegt zum einen daran, dass heute komplexe, meist analoge Schaltungen durch einfachere digitale Mikrocontroller-Schaltungen ersetzt werden. Ein anderer ausschlaggebender Punkt ist das unschlagbare Preis-Leistungs-Verhältnis von Mikrocontrollern.

## 2.1 Was ist ein Programm?

Ein Programm ist die Beschreibung eines Informationsverarbeitungsprozesses. Im Lauf eines solchen Prozesses wird aus einer Menge von variablen oder konstanten Eingangswerten eine Menge von Ausgangswerten berechnet. Die Ausgangswerte sind entweder selbst Ziel der Informationsgewinnung oder dienen mittelbar zur Reaktion auf die Eingangswerte. Neben den eigentlichen Berechnungen kann ein Programm Anweisungen zum Zugriff auf die Hardware des Computers oder zur Steuerung des Programmflusses enthalten. Ein Programm besteht aus mehreren Zeilen sogenannten Quelltextes. Dabei enthält jede Zeile eine oder mehrere Rechen- oder Steueranweisungen. Neben diesen Anweisungen selbst bestimmt ihre Reihenfolge wesentlich die eingangs beschriebene Informationsverarbeitung. Die Ausführung der den Anweisungen entsprechenden Operationen durch den Steuercomputer erfolgt sequenziell, also nacheinander. Eine Folge von Programmanweisungen mit einem bestimmten Ziel nennt man auch *Algorithmus*.

## 2.2 Programmierung in C

C oder auch *ANSI-C* ist eine einfach zu erlernende Programmiersprache. C ist eine imperative Programmiersprache, die der Informatiker Dennis Ritchie in den frühen 70er-Jahren an den Bell Laboratories für das Betriebssystem Unix entwickelte. Seitdem ist sie weltweit stark verbreitet. Die Anwendungsbereiche von C sind sehr verschieden. Es wird z. B. zur System- und Anwendungsprogrammierung eingesetzt. Die grundlegenden Programme aller Unix-Systeme und die Systemkerne vieler Betriebssysteme sind in C programmiert. Zahlreiche Sprachen wie C++, Objective-C, C#, Java, PHP oder Perl orientieren sich an der Syntax und anderen Eigenschaften von C. Es ist also mehr als lohnenswert, sich mit dieser Programmiersprache zu beschäftigen, da man später auch leicht auf andere Mikrocontrollersysteme umsteigen kann. Für fast alle Mikrocontroller existiert ein freier C-Compiler, den die Hersteller zum Download anbieten. Das C von Arduino ist jedoch um einiges einfacher gehalten als die professionellen C-Compiler und nimmt sehr viel Arbeit ab. Vor allem um die komplizierten Hardware-Routinen muss man sich bei Arduino nicht kümmern, da sie bereits als feste Befehle in der Entwicklungsumgebung integriert sind.

# 3 Eine kleine Übersicht über die ARDUINO-Mikrocontroller-Familie

Die Arduino-Hardware verwendet ausschließlich gängige, allgemein verfügbare Bauteile. Daher ist es leicht, die Funktionsweise zu verstehen und die Schaltung an eigene Wünsche anzupassen oder Erweiterungen vorzunehmen. Den Kern bildet ein ATmega-Controller aus Atmels weitverbreiteter 8-Bit-AVR-Familie. Hinzu kommen Schaltungsteile zur Stromversorgung und eine serielle Schnittstelle. Letztere ist bei den jüngeren Arduino-Versionen als USB-Interface ausgelegt. Über diesen Anschluss erfolgt der Download der Anwenderprogramme und bei Bedarf auch die Kommunikation zwischen PC und Arduino während der Programmausführung.

Weil Arduino-Boards so einfach und universell ausgelegt sind, werden sie häufig auch schlicht als *I/O-Board* bezeichnet. Arduino stellt dem Anwender 14 digitale Ein- oder Ausgänge zur Verfügung, davon sind sechs als Analogausgang (8 Bit PWM) zu verwenden. Weitere sechs Eingänge können analoge Signale erfassen (10 Bit ADC). Bei Bedarf stehen SPI und I²C als weitere Schnittstellen zur (seriellen) Kommunikation zur Verfügung.

Es gibt Arduino-Boards in mehreren Varianten. Die Originale stammen vom Hersteller Smart Projects aus Italien. Es gibt mittlerweile auch zahllose Klone und Nachbauten von anderen Anbietern, schließlich handelt es sich um *Open Hardware*. Ein wichtiger Unterstützer des Arduino-Projekts ist Sparkfun aus Boulder, Colorado. Die Kooperation mit dem US-Partner hat eine Reihe optimierter Arduino-Boards hervorgebracht, die den Zusatz »Pro« im Namen führen. Außerdem ist mit LilyPad ein wichtiger Ableger entstanden, der das Thema *Wearable Computing* aufgreift.

Die meisten Anwender setzen auf das von Smart Projects gefertigte, handtellergroße Arduino Duemilanove (Duemilanove = 2009), das den ATmega-Controller in DIP-Bauform auf einem Sockel trägt. Es unterscheidet sich nur unwesentlich vom überaus erfolgreichen Vorgänger Arduino Diecimilanove, dessen Namensgebung auf die ersten 10.000 verkauften Boards zurückgeht. Auf den Boards ist ein FTDI-Chip aufgelötet, der die USB-Schnittstelle bereitstellt.

Das neue Arduino Mega Board verwendet einen leistungsstärkeren Mikrocontroller (Atmega1280) und bietet mehr Speicher, I/O-Pins und Funktionen auf einer deutlich erweiterten Platinenfläche.

Wesentlich kleiner ist Arduino Mini, ein Board im DIP24-Format. Das ganze Modul lässt sich auf einen 24-poligen DIL-Sockel stecken. Die Version Arduino Pro Mini von Sparkfun ist nahezu identisch, wird aber ohne »Beinchen« (seitliche Stifte) geliefert. Diese Module benötigen zum Programmieren einen USB-Adapter, der an der Schmalseite der Module angesteckt werden kann.

Das LilyPad-Board von Leah Buechley (in Zusammenarbeit mit Sparkfun) ist auch Arduino-kompatibel und verfolgt einen ganz eigenen Zweck. LilyPad und Zubehör sind dafür ausgelegt, in Kleidung eingenäht zu werden, um dort eine möglichst enge Symbiose von Technik und Künstler zu realisieren. Die charakteristische runde Form des LilyPad-Arduinos erregt ebenso Aufmerksamkeit wie die Farbgebung und die kreisförmige Anordnung der Kontakte. Zum Einsatz kommt hier die Low-Power-Version (3,3 V) des ATmega168. Zahlreiche kleine Peripherieplatinen (Sensoren, LEDs, Taster ...) ergänzen LilyPad zu einem ganzen System unter dem Motto »Elektronik mit der Nähmaschine«.

Über weitere Board-Versionen und Zubehörteile informieren Sie die Arduino-Projektseite (siehe Links) und die Produktseiten von SparkFun Electronics.

## 3.1 Arduino Mega

**Bild 3.1:** Arduino Mega (Quelle: Fa. Elmicro)

**Technische Daten:**
- ATmega1280 Mikrocontroller
- 128 KB Flash
- 8 KB RAM, 4 KB EEPROM
- 16-MHz-Takt
- 54 digitale I/O-Pins davon 14 als PWM nutzbar
- 4 Hardware-UARTs
- I²C-Interface, SPI
- 16 analoge Eingänge (10 Bit)
- USB-Interface, Spannungsversorgung, Bootloader etc. wie beim Arduino Duemilanove
- Abmessungen ca. 101 mm x 53 mm x 12 mm

## 3.2 Arduino Duemilanove

**Bild 3.2:** Arduino Duemilanove
(Quelle: Elmicro)

**Technische Daten:**
- ATmega328 Mikrocontroller
- 32 KB Flash (davon 2KB für Bootloader)
- 2 KB RAM, 1 KB EEPROM
- 16-MHz-Takt
- 14 digitale I/O-Pins, davon 6 als PWM nutzbar
- sechs analoge Eingänge (10 Bit)
- On-Board-USB-Schnittstelle mit FT232RL von FTDI

- 5 V Betriebsspannung, Speisung über USB oder über Spannungsregler (7 V bis 12 V Eingangsspannung)
- Abmessungen ca. 69 mm x 53 mm x 12 mm
- Bootloader im Lieferzustand bereits installiert, Download ohne Programmieradapter möglich

## 3.3 Arduino Mini

**Bild 3.3:** Arduino Mini (Quelle: Elmicro)

**Technische Daten:**
- ATmega168 Mikrocontroller mit 16-MHz-Quarztakt
- Programmierung über USB-Adapter (ARDUINO/USB, USB-Adapter mit FTDI-Chip)
- 512 Byte EEPROM
- 1 KB SRAM
- 16 KB FLASH (2 KB benötigt der Bootloader für sich)
- Betriebsspannung 5 V
- 14 Digitale I/Os, sechs davon können zur PWM-Erzeugung genutzt werden
- acht analoge 10-Bit-Eingänge
- Versorgungsspannung 7 V bis 9 V

## 3.4 Arduino Nano

**Bild 3.4:** Arduino Nano (Quelle: Elmicro)

**Technische Daten:**

- ATmega328 oder ältere Version 168 mit 16-MHz-Quarztakt
- Programmierung über USB-»On Board Chip«
- Autoreset-Funktion
- 5-V-Technik
- 14 Digitale I/Os, sechs davon können zur PWM-Erzeugung genutzt werden
- acht analoge 10-Bit-Eingänge
- 32 KB oder 16 KB FLASH
- 1 KB SRAM
- 512 oder 1 KByte EEPROM
- Ausgangsstrom pro I/O max. 40 mA
- Versorgungsspannung 6 V bis 20 V
- Abmessungen: 18 mm x 43 mm

## 3.5 Arduino Pro Mini

**Bild 3.5:** Arduino Pro Mini (Quelle: Elmicro)

**Technische Daten:**
- ATmega328 mit 16-MHz-Quarztakt (Genauigkeit 0,5 %)
- Programmierung über USB-Adapter (ARDUINO/USB)
- Autoreset-Funktion
- Diese Version gibt es in 5-V- und 3,3-V-Technik
- Ausgangsstrom max. 150 mA
- Überlastschutz
- Verpolungsschutz
- Versorgungsspannung 5 V bis 12 V
- Power und Status LED bereits »On Board«
- Abmessungen: 18 mm x 33 mm
- Gewicht weniger als 2 g

## 3.6 Arduino Pro

**Bild 3.6:** Arduino Pro (Quelle: Elmicro)

**Technische Daten:**
- ATmega328 und ältere ATmega168 mit 16-MHz-Quarztakt
- Programmierung über USB-Adapter (ARDUINO/USB)
- Diese Version gibt es in 5-V- und 3,3-V-Technik
- 14 Digital-I/O-Pins · sechs davon als PWM nutzbar)
- sechs analoge 10-Bit-Eingänge
- Versorgungsspannung 3,35 V bis 12 V (3,3-V-Version)
- Versorgungsspannung 5 V bis 12 V (5-V-Version)
- Ausgangsstrom pro Digitalport 40 mA
- 32 KB oder 16 KB (ATmega168) FLASH
- 1 KB (ATmega168) oder 2 KB (ATmega328) SRAM
- 512- (ATmega168) oder 1-KB-EEPROM

## 3.7 LilyPad

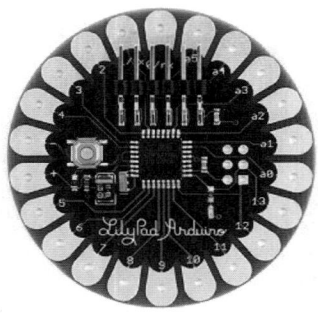

**Bild 3.7:** LilyPad Arduino (Quelle: Elmicro)

**Technische Daten:**
- ATmega328V und ältere ATmega168V mit 16-MHz-Quarztakt
- Programmierung über USB Adapter (ARDUINO/USB)
- Spannungsversorgung 2,7 V bis 5,5 V
- 14 Digital-I/O-Pins (sechs davon als PWM nutzbar)
- sechs analoge 10-Bit-Eingänge
- Ausgangsstrom pro Digitalport 40 mA
- 32 KB oder 16 KB (ATmega168) FLASH
- 1 KB (ATmega168) oder 2 KB (ATmega328) SRAM
- 512- (ATmega168) oder 1-KB-EEPROM

## 3.8 USB-Adapter

**Bild 3.8:** USB-Adapter mit FTDI-Chip (Quelle: Elmicro)

Diesen Programmieradapter gibt es in 3,3-V- und in 5-V-Ausführung.

Der Adapter wird zum Programmieren der Arduino-Borads ohne USB-Anschluss benötigt. Die Pinbelegung entspricht den Original-Arduino-Spezifikationen. Er kann auch zur Kommunikation (virtuelle serielle Schnittstelle) verwendet werden. Dieses Feature muss man für eigene Entwicklungen einfach haben. Es ermöglicht, einen Sketch auf das Board zu laden, ohne die Reset-Taste zu drücken.

# 4 Arduino Shields

Es gibt eine Menge verschiedener Erweiterungs-Boards, die mit den Arduino-Boards verwendet werden können. Wenn man sich im Internet umsieht, findet man fast monatlich neue Boards und nützliche Erweiterungen. Die Erweiterungs-Boards werden in der »Arduino-Gemeinde« *Shields* genannt und besitzen alle den gleichen Formfaktor. Das hat den Vorteil, dass man sie einfach auf die Arduino-Boards aufstecken kann. Ausgenommen sind die kleinen Units und das LilyPad.

## 4.1 Arduino ProtoShield

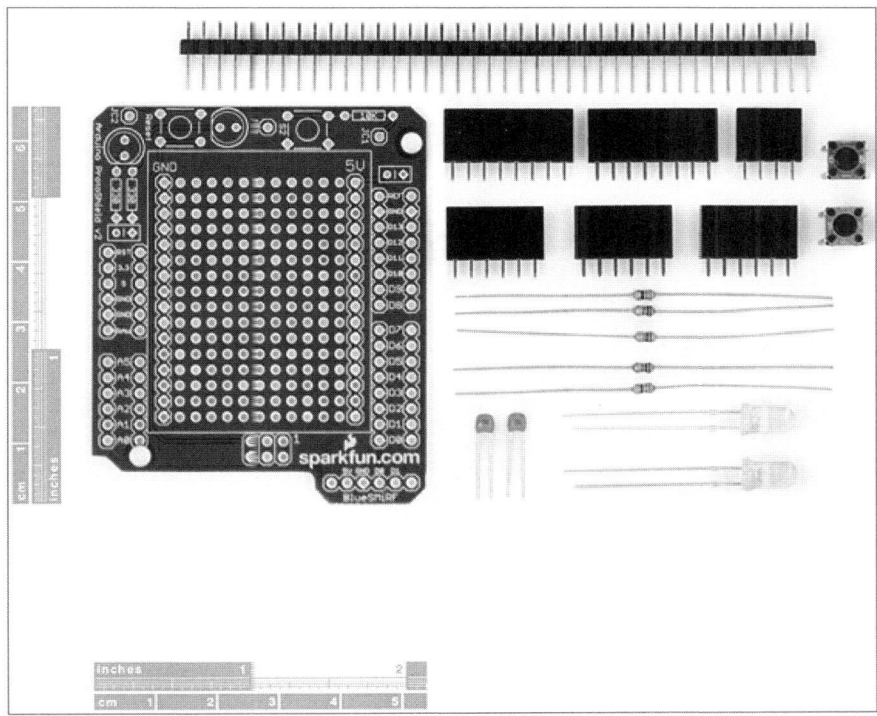

**Bild 4.1:** Arduino-ProtoShield-Kit (Quelle: Fa. SparkFun)

Für eigene Basteleien ohne Lötarbeit bietet sich das ProtoShield an. Es ermöglicht Experimente auf einem kleinen Steckbrett.

**Bild 4.2:** Arduino Duemilanove mit ProtoShield (Quelle: SparkFun)

## 4.2 Ardumoto

**Bild 4.3:** Ardumoto – Motor Driver Shield (Quelle: SparkFun)

Das Motor Driver Shield *Ardumoto* ist ideal, um kleine Motoren anzusteuern. Die Anschlussdrähte der Motoren werden einfach an die Schraubklemmen des Motor-Shields angeschlossen und ein kleines Programm lässt die Motoren mit gewünschter Geschwindigkeit und Richtung drehen.

Die technischen Daten entsprechen den verwendeten Motortreiber-ICs L298. Das Datenblatt finden Sie auf der mitgelieferten CD-ROM.

## 4.3 TellyMate

**Bild 4.4:** TellyMate
(Quelle: SparkFun)

Das TellyMate ist wohl das genialste Shield, das es für Arduino gibt. Seine Einsatzmöglichkeiten sind fast unbegrenzt. Es ermöglicht, Daten (ADC, IOs usw.) oder auch einfach nur Texte oder Grafiken auf dem TV-Bildschirm darzustellen. Es macht unseren heimischen Fernseher zum Arduino-Display. Der Arduino-Mikrocontroller verwendet zur Kommunikation mit TellyMate die serielle Schnittstelle.

**Features:**
- Arduino TV-Ausgabe
- PAL-oder NTSC-Composite-Video
- Aufsteckbares Arduino-Shield
- Arbeitet mit Serial.println () usw.
- 38 x 25 Zeichen
- Darstellung der Zeichen schwarz, weiß
- Einfache Grafiken
- Einfache Programmierung

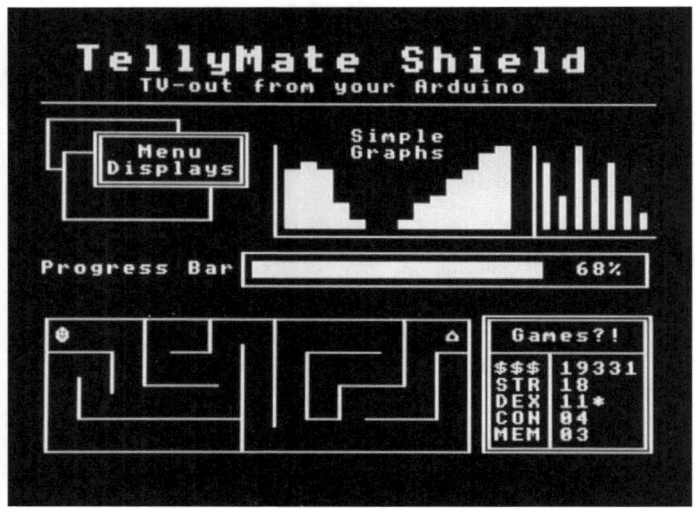

**Bild 4.5:** TellyMate in Aktion (Quelle: SparkFun)

## 4.4 ArduPilot

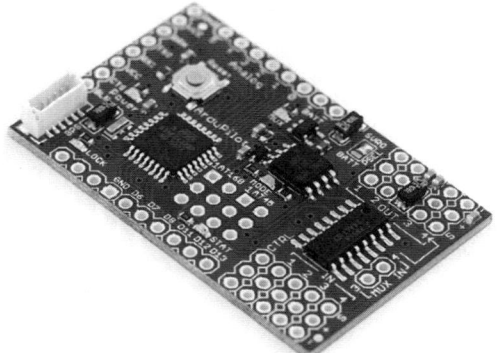

**Bild 4.6:** ArduPilot – Arduino-kompatibler UAV-Controller ATmega328 (Quelle: SparkFun)

Für die Modellflieger ist der ArduPilot ein äußerst interessantes Spielzeug. Es ermöglicht das autonome Fliegen eines Modellflugzeugs.

Mehr dazu finden Sie unter *http://diydrones.com*.

## XBee ZNet

**Bild 4.7:** XBee ZNet 2.5 OEM-Modul (Quelle: SparkFun)

Wer drahtlos Daten übermitteln möchte, sollte sich die XBee-Module zulegen. Diese stellen eine drahtlose serielle (UART-)Verbindung her. Man könnte damit zwei Arduino-Boards oder einen PC und ein Arduino-Board über eine Funkstrecke kommunizieren lassen.

**Technische Daten des ZigBee-Funkmoduls:**

- Betriebsspannung: 2,8 V bis 3,4 V
- Frequenz: ZigBee Standard, 2,4 GHz ISM-Band
- Sendeleistung: 0 dbm (1 mW)
- Empfindlichkeit: -92 dbm
- Reichweite: 30 m Indoor / 100 m Outdoor (abhängig von Umgebungsbedingungen)
- Stromaufnahme TX: 45 mA, RX: 50 mA, Stand-by: 10 uA
- Datenrate (über Funk): 250.000 bps
- Datenrate (Interface): 1.200-115.200 bps
- serielle Schnittstelle 0 V/3,3 V zum Anschluss an den PC ist ein 3,3-V-Pegelwandler (MAX3232) zwingend erforderlich
- Standard: kompatibel zu ZigBee/802.15.4
- Topologien: Point-To-Point, Point-To-Multipoint
- Abmessungen: 24,38 mm x 27,61 mm x 4mm, 2-mm-Raster

## 4.5 Ethernet Shield

**Bild 4.8:** Ethernet Shield (Quelle: Solarbotics)

Das Arduino Ethernet Shield ermöglicht, ein Arduino-Board mit dem Netzwerk/Internet zu verbinden. Es basiert auf dem Wiznet W5100 Ethernet-Chip. Der Wiznet W5100 bietet ein Netzwerk-(IP-)Stack, der TCP und UDP unterstützt. Er ermöglicht zudem bis zu vier gleichzeitige Socket-Verbindungen. Arduino bietet eine umfangreiche Bibliothek und verschiedene Beispielprogramme an, um den Einstieg in die Netzwerkwelt zu erleichtern.

# 5 Bauteile

Wir haben in den letzten Kapiteln einiges über Mikrocontroller, Arduino und deren Anwendungsgebiete sowie über die Programmierung erfahren. Nun ist es an der Zeit, dass wir uns an die Experimente mit Arduino zu wagen. Sie benötigen für die Experimente folgende Teile:

## 5.1 Teileliste Basisexperimente

1x Arduino/ Freeduino-Mikrocontrollerboard *Duemilanove*

1x Steckbrett Tiny

2x Printtaster RM 2,54

1x LDR A9060-13 (R100 = 5 k$\Omega$)

1x NPN-Transistor BC548C

1x Silizium-Dioden 1N4148

1x Piezo-Schallwandler

1x LED rot

1x LED grün

2x LED gelb

3x Widerstand 1,5 k$\Omega$

1x Widerstand 4,7 k$\Omega$

1x Widerstand 47 k$\Omega$

1x Widerstand 10 k$\Omega$

1x Widerstand 68 k$\Omega$

1x Trimmwiderstand linear 10 k$\Omega$ PT10

1x Kondensator 1 µF

1x Wickelschaltdraht

## 5.2 Teileliste Zusatzexperimente (I²C, LCD ...)

1x Widerstand 4,7 kΩ

1x I²C-Temperaturfühler LM75 im 8-poligen DIP-Gehäuse

1x I²C-Portexpander PCF8574

1x Ultraschall Abstandssensor der Fa. Devantech SRF02
(Bezug *www.Roboterteile.de*)

1x GPS-Empfänger mit UART-TTL-Ausgang

1x Modellbau Standard-Servo

1x LC-Display 20x4 (5 V)

1x min. 12-polige Stiftleiste RM2,54 trennbar

## 5.3 Das Freeduino-Experimentierboard

Die kleine Freeduino-Experimentierplatine entspricht dem Arduino-Duemilanove-Board. Freeduino ist die Freeware-Version von Arduino, aber vollständig kompatibel zu Arduino Duemilanove. Nachfolgend werden wir es ganz umgangssprachlich »Mikrocontroller« und »Mikrocontrollerboard« nennen.

Das Board besitzt einen USB-Anschluss, der die Verbindung zwischen PC und AVR herstellt. Über den USB-Anschluss werden sowohl die Programme *Sketches* als auch die Daten aus unserem Arduino-Programm zum PC (serielle Schnittstelle) übertragen. Die Platine dient durch die bereits vorhandene Hardware-Ausstattung als Basis für die Experimente. Für die größeren Experimente benötigen wir das kleine Steckbrett *Breadboard*, auf das Sie die Bauteile aufstecken und mit den Freeduino-Board verdrahten können.

Bauen Sie einfache Experimente mit dem Experimentiermaterial auf und laden Sie die vorbereiteten Programme über USB in den Mikrocontroller. Spielend leicht lernen Sie die Funktionen der Bauteile und zugleich die Grundlagen der Mess- und Steuerungstechnik sowie die Programmierung mit Visual Basic Dot.Net und den Umgang mit Arduino.

## 5.4 Anschlüsse und LEDs des Freeduino-Mikrocontroller-Experimentierboards

Alle Arduino-Anschlüsse sind über Stiftleisten erreichbar. Eine Power ON-LED *PWR* signalisiert, dass unser Mikrocontrollerboard mit Strom versorgt wird. Eine LED auf der Platine, die fest mit dem Arduino-Digital-Pin 13 verbunden ist, trägt den Namen *L*. In die Stiftleisten können die Drähte und Bauteile direkt eingesteckt werden. Die LEDs mit der Bezeichnung *TX* und *RX* zeigen den Datenverkehr auf der seriellen Schnittstelle an. Sobald Kommunikation über die UART-Schnittstelle stattfindet, blinken die LEDs rhythmisch mit.

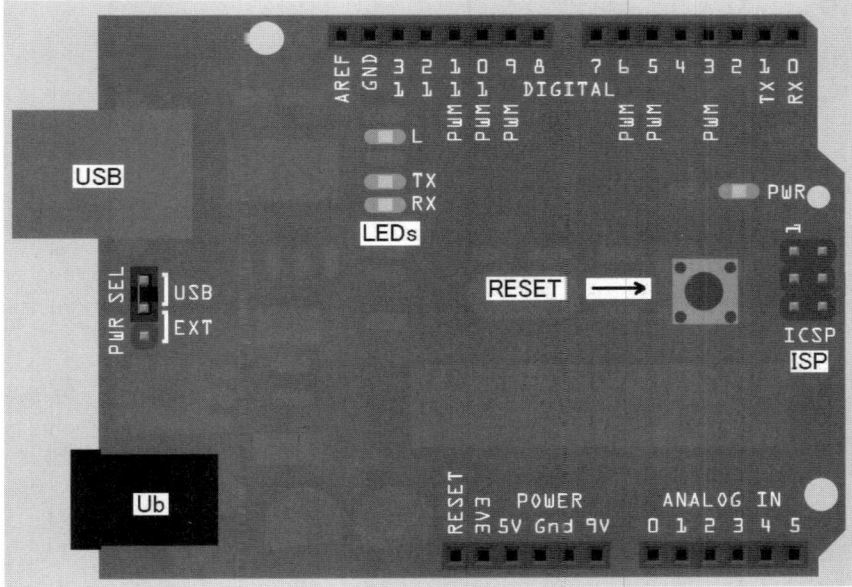

**Bild 5.1:** Die Freeduino-Experimentierplatine

## 5.5 Die Stromversorgung

Die Stromversorgung kann wahlweise über USB oder über ein Steckernetzgerät (ca. 500 mA) erfolgen. Dazu muss nur der Jumper (die Steckbrücke) mit der Bezeichnung *PWR SEL* wahlweise nach *USB* oder *EXT* gesteckt werden. Möchten wir die Stromversorgung über USB auswählen, stecken wir den Jumper Richtung USB-Buchse. Bei größeren Verbrauchern am Mikrocontrollerboard ist davon jedoch abzuraten, da es sich negativ auf den verwendeten USB-Port auswirken kann.

## 5.6 Reset-Taster

Der Reset-Taster bewirkt einen Neustart des Programms. Er hat die gleiche Wirkung, als wenn das Board vom Netz getrennt und wieder angesteckt wird.

## 5.7 ISP-Anschluss

Der ISP-Anschluss dient zum Programmieren des Mikrocontrollers über einen ISP-Programmer und zum Aufspielen des Bootloaders. Für unsere Experimente benötigen wir diesen Anschluss nicht. Der Bootloader ist bereits ab Werk installiert.

> **TIPP:**
> Benutzen Sie zum Anschluss des Freeduino-Boards einen USB-HUB. Sollten Sie doch einmal versehentlich beim Experimentieren einen Kurzschluss verursachen, ist meist nur der USB-HUB defekt und nicht der USB-PORT des PCs.

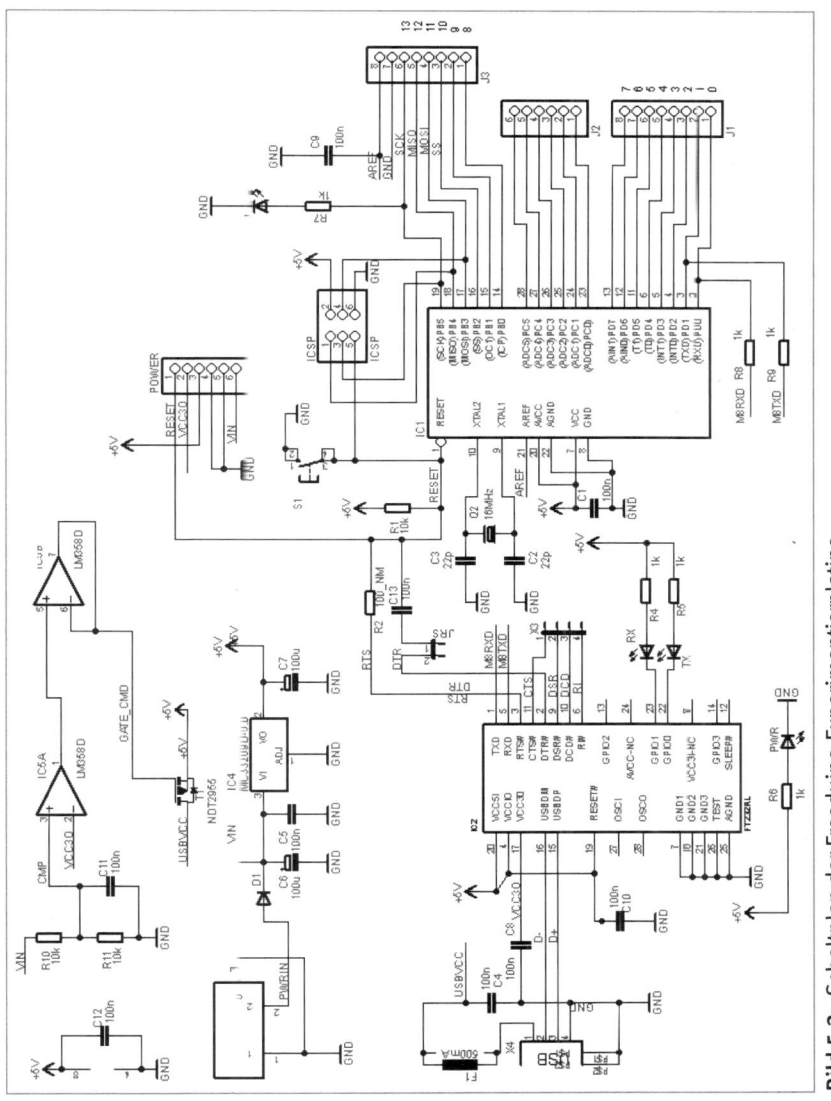

Bild 5.2: Schaltplan der Freeduino-Experimentierplatine

## 5.8 Sicherheitshinweise

Die Freeduino-Platine ist weitgehend gegen Fehler abgesichert, sodass es kaum möglich ist, den PC zu beschädigen. Die Anschlüsse der USB-Buchse sind auf der Platinenunterseite nicht isoliert. Wenn Sie die Platine auf einen metallischen Leiter stellen, kann es daher zu einem höheren Strom kommen, was den PC und die Platine beschädigen könnte. Nach der USB-Spezifikation sollte es an den USB-Downports eine Strombegrenzung geben, sodass eigentlich nichts passieren sollte. Allerdings besteht die Schutzschaltung in einzelnen Fällen aus kleinen Widerständen, die dann wie eine Sicherung durchbrennen. Beachten Sie deshalb bitte die folgenden Sicherheitsregeln:

- Vermeiden Sie metallische Gegenstände unter der Platine oder isolieren Sie die gesamte Unterseite mit einer nichtleitenden Schutzplatte oder Isolierband.

- Halten Sie Netzteile, andere Spannungsquellen oder führende Leiter mit mehr als 5 V von der Experimentierplatine fern.

- Schließen Sie die Platine nach Möglichkeit nicht direkt an den PC an, sondern über einen Hub. Dieser enthält meist eine zusätzliche wirksame Schutzschaltung. Wenn doch etwas passiert, wird im Normalfall nur der Hub und nicht der PC beschädigt.

# 6 Bauteile und ihre Funktion

Die wichtigsten Bauteile werden an dieser Stelle kurz vorgestellt und ihre jeweilige Funktion wird beschrieben. Aber erst die realen Experimente vermitteln praktische Erfahrungen mit der Schaltungstechnik der Elektronik.

## 6.1 Leuchtdioden

Verwenden Sie rote, gelbe und grüne LEDs. Hier muss grundsätzlich die Polung beachtet werden. Der Minusanschluss heißt *Kathode* und liegt am kürzeren Anschlussdraht. Der Pluspol ist die *Anode* und liegt am etwas längeren Anschlussdraht. Im Inneren der LED erkennt man ein kelchartiges Gebilde. Dies ist der Halter für den LED-Kristall, der an der Kathode liegt. Der Anodenanschluss ist durch ein extrem dünnes Drähtchen mit einem Kontakt der Oberseite des Kristalls verbunden. Aber Vorsicht: Beachten Sie immer die Polung der Diode und verbinden Sie niemals die Diode direkt mit einer Batterie oder der USB-Stromversorgung. Dadurch würde die Diode und evtl. auch der Schutzwiderstand des Experimentier-Boards zerstört.

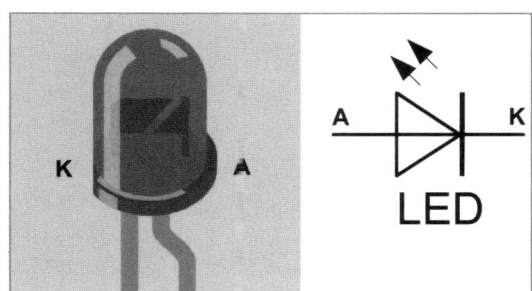

**Bild 6.1:** Die Leuchtdiode und ihr Schaltzeichen

## 6.2 Widerstände

Die zu verwendenden Widerstände sind Kohleschichtwiderstände mit einer Toleranz von +/-5 %. Das Widerstandsmaterial ist auf einen Keramikstab aufgebracht und mit Schutzlack überzogen. Die Beschriftung erfolgt in Form eines Farbcodes. Neben dem Widerstandswert ist auch die Toleranzangabe als Farbring aufgedruckt.

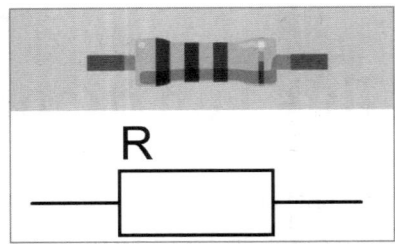

**Bild 6.2:** Der Widerstand und sein Schaltzeichen

Widerstände mit einer Toleranz von +/-5 % gibt es in Werten der E24-Reihe, wobei jede Dekade 24 Werte mit etwa gleichmäßigem Abstand zum Nachbarwert enthält.

**Die Widerstände der E24-Normreihe siedeln sich wie folgt an:**
1,0 / 1,1 / 1,2 / 1,3 / 1,5 / 1,6 / 1,8 / 2,0 / 2,2 / 2,4 / 2,7 / 3,0 / 3,3 / 3,6 / 3,9 / 4,3 / 4,7 / 5,1 / 5,6 / 6,2 / 6,8 / 7,5 / 8,2 / 9,1

Der Farbcode wird ausgehend von dem Ring gelesen, der näher am Rand des Widerstands liegt. Die ersten beiden Ringe stehen für die zwei Ziffern, der dritte Ring für den Multiplikator des Widerstandswerts in Ohm. Ein vierter gibt die Toleranz an.

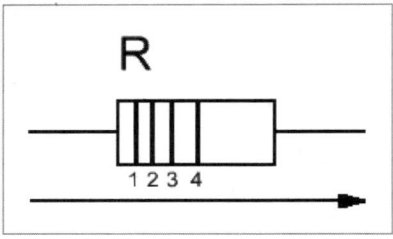

**Bild 6.3:** So wird der Widerstandswert abgelesen.

| Farbe | Ring 1 | Ring 2 | Ring 3 (Faktor) | Ring 4 (Toleranz) |
|---|---|---|---|---|
| Silber | - | - | $1 \times 10^{-2} = 0{,}01\ \Omega$ | +/- 10% |
| Gold | - | - | $1 \times 10^{-1} = 0{,}1\ \Omega$ | +/- 5% |
| Schwarz | 0 | 0 | $1 \times 10^{0} = 1\ \Omega$ | - |
| Braun | 1 | 1 | $1 \times 10^{1} = 10\ \Omega$ | +/- 1% |
| Rot | 2 | 2 | $1 \times 10^{2} = 100\ \Omega$ | +/- 2% |
| Orange | 3 | 3 | $1 \times 10^{3} = 1\ k\Omega$ | - |
| Gelb | 4 | 4 | $1 \times 10^{4} = 10\ k\Omega$ | - |
| Grün | 5 | 5 | $1 \times 10^{5} = 100\ k\Omega$ | +/- 0,5% |
| Blau | 6 | 6 | $1 \times 10^{6} = 1\ M\Omega$ | +/- 0,25% |
| Violett | 7 | 7 | $1 \times 10^{7} = 10\ M\Omega$ | +/- 0,1% |
| Grau | 8 | 8 | $1 \times 10^{8} = 100\ M\Omega$ | - |
| Weiß | 9 | 9 | $1 \times 10^{9} = 1000\ M\Omega$ | - |

**Bild 6.4:** Tabelle für Widerstände mit vier Farbringen

Ein Widerstand mit den Farbringen Gelb, Violett, Braun und Gold hat den Wert 470 Ω bei einer Toleranz von +/-5 %. Versuchen Sie doch gleich einmal, die Widerstände zu identifizieren.

## 6.3 Kondensatoren

Ein Kondensator besteht im Grunde aus zwei Metallflächen, die sich gegenüberstehen, und einer Isolierschicht. Legt man eine elektrische Spannung an, bildet sich zwischen den Kondensatorplatten ein elektrisches Kraftfeld, in dem Energie gespeichert ist. Ein Kondensator mit einer großen Plattenfläche kann mehr Energie speichern als ein Kondensator mit einer kleineren Plattenfläche. Die Kapazität eines Kondensators wird in Farad $F$ angegeben und gemessen. Die hier im Buch und im Allgemeinen in der Elektronik verwendeten Kondensatoren haben eine Kapazität zwischen 10 nF (0,00000001 F) und 1.000 µF (0,001 F). Das Isoliermaterial (Dielektrikum) vergrößert die Kapazität gegenüber der Luftisolation. Die keramischen Scheibenkondensatoren verwenden ein spezielles Keramikmaterial, mit dem große Kapazitäten bei kleiner Bauform erreicht werden.

**46** Kapitel 6: Bauteile und ihre Funktion

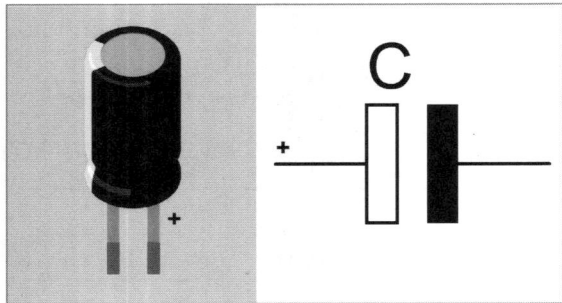

**Bild 6.5:** Der Kondensator und sein Schaltzeichen

In der Abbildung ist ein Elektrolytkondensator zu sehen, wie er auch in unserem Buch verwendet wird. Bei diesem Kondensatortyp ist auf die Polung zu achten, da er bei falscher Polung explodiert. Im Schaltzeichen ist der Minuspol durch einen ausgefüllten Balken gekennzeichnet, der Pluspol hingegen besteht aus einem Rechteck ohne Füllung. Auf den Elektrolytkondensator ist zudem der Minuspol mit einem weißen Balken gekennzeichnet. Ein weiteres Merkmal ist die unterschiedliche Länge der Anschlussbeine. Ähnlich wie bei der Leuchtdiode ist das lange Beinchen der Pluspol und das kürzere der Minuspol.

Ungepolte Kondensatoren hingegen haben keine Polbezeichnung. Im Schaltplan kann man diese Kondensatoren daran erkennen, dass sie mit zwei parallel gegenüberstehenden Balken (schwarz) ohne Polangabe gezeichnet werden.

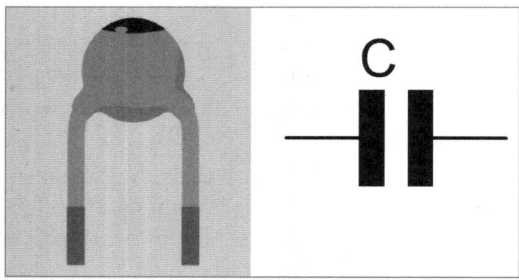

**Bild 6.6:** Schaltzeichen des Keramikkondensators

**INFO:**
In unseren Experimenten werden keine Keramikkondensatoren benötigt. Die Erklärung erfolgt nur der Vollständigkeit halber.

## 6.4 Transistoren

Transistoren sind Bauteile zur Verstärkung kleiner Ströme. Ein kleiner Basisstrom bewirkt einen großen Kollektorstromfluss. Diese Bauteile besitzen drei Anschlüsse: Basis *B*, Kollektor (engl.: Collector) *C* und einen Emitteranschluss *E*.

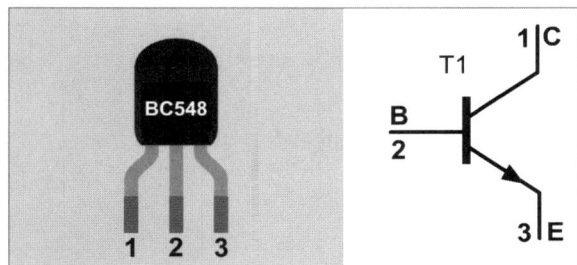

**Bild 6.7:** Der NPN-Transistor und sein Schaltzeichen

In den Experimenten wird der Typ BC548C verwendet. Es handelt sich hier um einen universalen Kleinsignaltransistor für kleine Spannungen und Ströme.

## 6.5 Diode

Eine Diode ist ein elektronisches Ventil und lässt den Strom nur in eine Richtung durch. Man unterscheidet Dioden nach ihrem Ausgangsmaterial Germanium (Ge) oder Silizium (Si). Für unsere Experimente handelt es sich um Siliziumdioden des Typs 1N4148. Es sind beliebte Si-Dioden, die Ströme bis zu 100 mA vertragen. Wie bei der LED und dem Kondensator muss auch hier die Polung beachtet werden. Der Minuspol ist durch einen kleinen Ring am Gehäuserand gekennzeichnet.

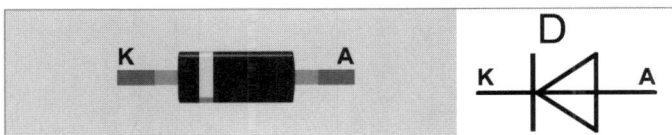

**Bild 6.8:** Die Diode und ihr Schaltzeichen

## 6.6 Piezo-Schallwandler (Buzzer)

Der Piezo-Schallwandler dient als einfacher kleiner Lautsprecher, Sensor und Mikrofon. Der Aufbau ähnelt dem eines keramischen Scheibenkondensators, wobei allerdings das Dielektrikum zusätzlich elektrisch vorgespannt ist. Dadurch entsteht eine Kopplung zwischen mechanischer und elektrischer Spannung. Der piezoelektrische Effekt tritt in ähnlicher Weise auch bei natürlichen Quarzkristallen auf. Ein gutes Beispiel ist auch ein elektrisches Feuerzeug, hier ist jedoch die erzeugte Spannung deutlich höher als bei unserem Piezo-Schallwandler.

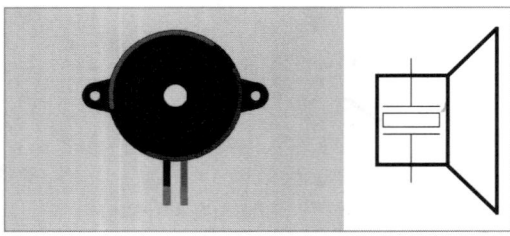

**Bild 6.9:** Der Piezo-Schallwandler und sein Schaltzeichen

## 6.7 Schaltdraht

Mit dem Schaltdraht werden die Verbindungen auf unserer Experimentierplatine hergestellt. Schneiden Sie mit einem kleinen Seitenschneider oder einer Schere die passenden Längen ab und isolieren Sie die beiden Enden ab. Heben Sie die Drähte auf, Sie werden sie noch öfter benötigen.

## 6.8 Taster

Ein Taster hat fast die gleiche Funktion wie ein Schalter: Er schließt oder unterbricht einen Stromkreis. Der große Unterschied besteht im Gegensatz zum Schalter darin, dass er nicht in seiner Stellung verharrt, sondern nach dem Loslassen in seine ursprüngliche Stellung zurückkehrt.

Unser Taster besitzt vier Anschlüsse. Zwei davon sind immer miteinander verbunden, wie die Abbildung zeigt.

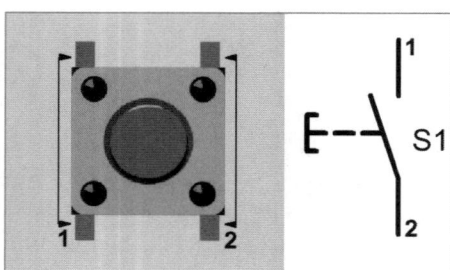

**Bild 6.10:** Der Taster

## 6.9 Potenziometer

Widerstände gibt es auch als Trimmwiderstände. Die größere Version, an der man auch einen Drehknopf anbringen kann, wird *Potenziometer* oder kurz *Poti* genannt. Potenziometer besitzen in der Regel drei Anschlüsse: Schleiferanschlag links, Schleiferanschlag rechts und den Schleifer selbst, der meistens in der Mitte der beiden herausgeführt wird.

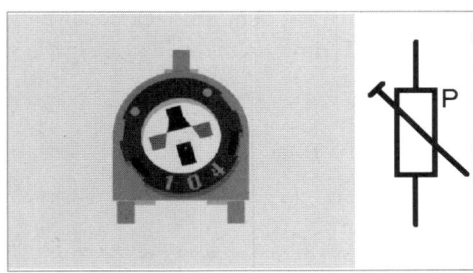

**Bild 6.11:** Trimmwiderstand

## 6.10 LDR

Eine weitere Ausführung eines Widerstands, der jedoch auf Licht reagiert, ist der *LDR* (engl.: Light dependent Resistor). Ein LDR besteht aus zwei Kupferkämmen, die auf einer isolierten Unterlage (weiß) aufgebracht sind. Dazwischen liegt das Halbleitermaterial in Form eines gewundenen Bands (rot). Fällt das Licht (Photonen) auf das lichtempfindliche Halbleitermaterial, werden die Elektronen aus ihren Kristallen herausgelöst (Paarbildung). Der LDR wird leitfähiger, d. h., sein Widerstandswert wird kleiner. Je mehr Licht auf das Bauteil fällt, desto kleiner wird der Widerstand und desto größer der elektrische Strom. Dieser Vorgang ist allerdings sehr träge. Die Verzögerung dauert mehrere Millisekunden.

**Bild 6.12:** LDR (lichtempfindlicher Widerstand)

## 6.11 Steckbrett

Auf dem Steckbrett (engl.: Breadboard) können wir unsere Schaltungen ohne Lötarbeiten einfach aufbauen. Die Kontakte sind von A nach E und F nach J verbunden. Die Abbildung verdeutlicht dies. Unser Steckbrett besteht aus 20 Spalten und 10 Zeilen (A bis J). Es hat sich als hilfreich erwiesen, die Anschlussdrähte ein wenig (3 mm) schräg abzuzwicken, sodass eine Art Keil an den Drahtenden entsteht. Dadurch lassen sich die Bauteile leichter in das Steckbrett stecken. Sollte es doch einmal etwas schwerer mit dem Einstecken der Bauteile gehen, benutzen Sie am besten eine kleine Feinmechaniker-Flachzange, um das Bauteil in das Steckbrett zu stecken.

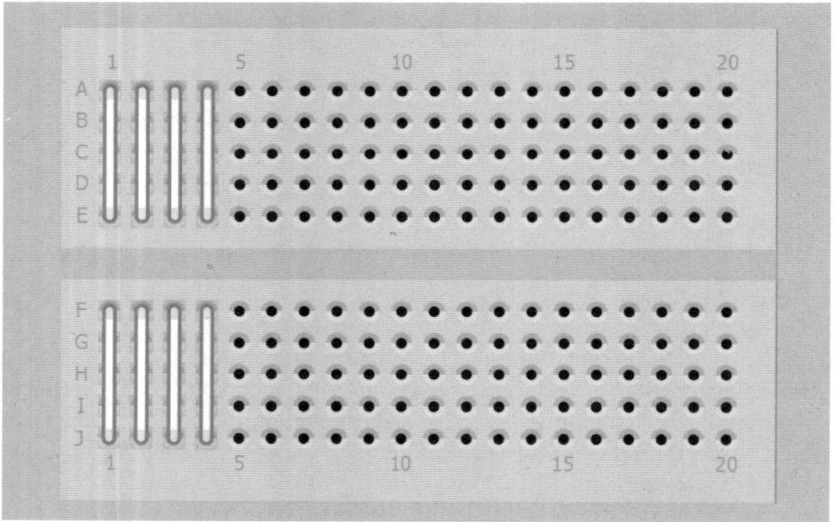

**Bild 6.13:** Das Tiny-Steckbrett

# 7 Die ersten Vorbereitungen (Inbetriebnahme)

Bevor wir mit Experimentieren und Programmieren beginnen können, müssen wir diverse Vorbereitungen treffen. Dazu gehören die Installation der Treiber für den virtuellen Comport (serielle Schnittstelle) auf dem PC und die Installation der Programmier-/Entwicklungsumgebung für Arduino.

## 7.1 Treiberinstallation

Zuerst installieren wir die Treiber für den USB-Chip. Dieser Chip ist ein USB-zu-UART-Wandler der Firma FTDI mit der Bezeichnung *FT232RL*. Der Mikrocontroller auf der Experimentierplatine besitzt ab Werk einen seriellen Bootloader, der FT232RL stellt die benötigte Verbindung zwischen der USB- und der UART-Schnittstelle des Freeduino-Boards her. Das Freeduino-Board erscheint im Gerätemanager deshalb als virtueller Comport (virtuelle serielle Schnittstelle).

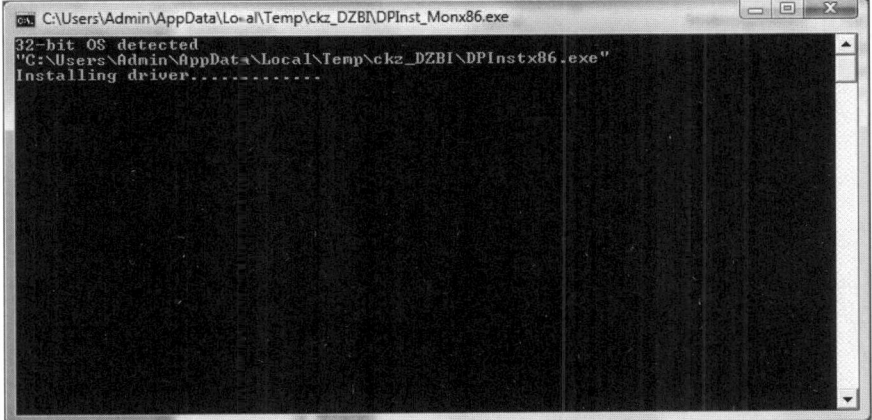

**Bild 7.1:** Der Bildschirm nach Ausführen der CDMxxx.exe

Wenn Sie mit dem Experimentieren beginnen, ist nicht auszuschließen, dass sich bereits ein Treiber für den FT232RL auf Ihrem PC befindet. Es könnte allerdings ein älterer Treiber sein, der nicht alle Funktionen des Chips unterstützt. Ein aktueller Treiber wird nun automatisch installiert.

Stellen Sie sicher, dass kein USB-zu-Seriell-Adapter von FTDI am USB angeschlossen ist. Starten Sie dann den automatischen Installer *CDM 20600.exe* im Verzeichnis *Software\USB FTDI-Treiber*. Das Programm entfernt ältere *FTDI*-Treiber und installiert den derzeit aktuellen Treiber. Sie können aber unter *www.ftdichip.com* gelegentlich nachsehen, ob es bereits eine neue Version des Treibers gibt. Beim Anschließen der USB-Platine wird die neue Hardware erkannt und der Treiber ohne weitere Aktionen des Benutzers geladen.

**Bild 7.2:** Information von Windows nach dem Anstecken der USB-Platine.

Auf Ihrem PC existiert nun eine neue serielle Schnittstelle, z. B. COM2, COM3 oder auch höher. Die Nummer erfährt man im Hardwaremanager. Falls Sie bereits mehrmals USB-seriell-Wandler installiert haben, vergibt Windows eine hohe COM-Nummer. In diesem Fall kann das neue Gerät z. B. auch COM35 heißen.

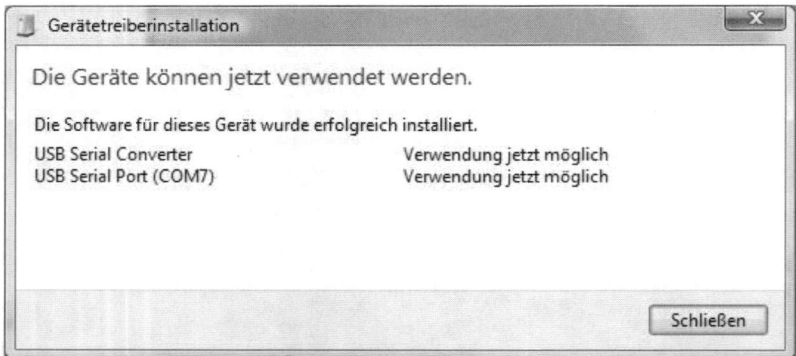

**Bild 7.3:** Windows-Meldung nach erfolgreich installierten Treibern

## 7.2 Das Tool MProg für den FT232RL

Der USB-Chip enthält zahlreiche Einstellungen, die vom Benutzer geändert werden können. Die entsprechenden Einstellungen können mit dem Programm *MProg* durchgeführt werden, das Sie im Verzeichnis *Software\MProg* auf der CD-ROM finden. Mit einem Doppelklick auf *MProg3.0_Setup.exe* installieren Sie das

## 7.2 Das Tool MProg für den FT232RL 53

Programm *MProg* auf Ihrem PC. Verbinden Sie dann die Platine mit dem USB-Anschluss und starten Sie *MProg*.

**Bild 7.4:** Beginn der Installation – klicken Sie auf *Weiter*

**54** Kapitel 7: Die ersten Vorbereitungen (Inbetriebnahme)

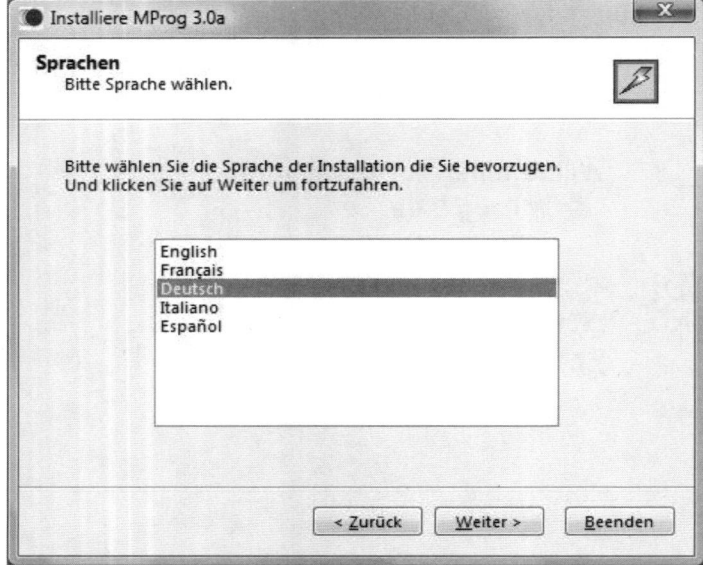

**Bild 7.5:** Jetzt können Sie die Sprache des Programms auswählen.

**Bild 7.6:** Die allseits beliebte Lizenzvereinbarung ...

## 7.2 Das Tool MProg für den FT232RL   55

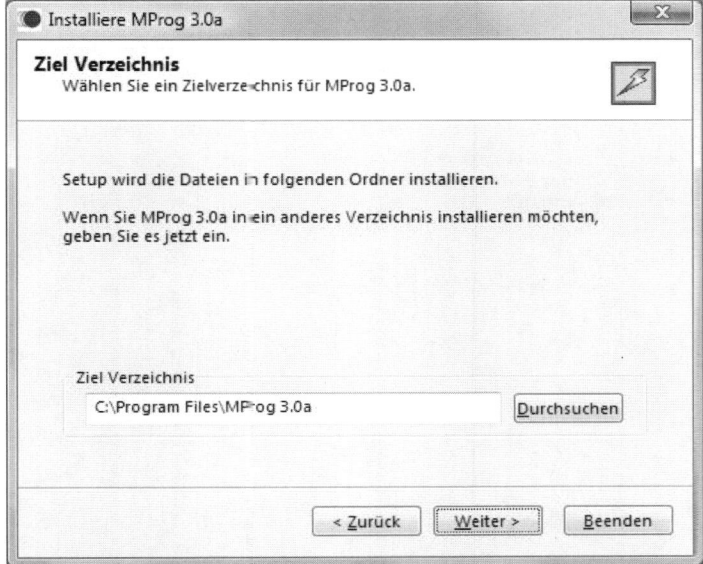

**Bild 7.7:** Das Zielverzeichnis können Sie frei wählen.

**Bild 7.8:** Wenn Sie ein Desktop-Symbol wünschen, setzen Sie das Häkchen und klicken Sie auf *Weiter*.

**Bild 7.9:** Das Programm wurde erfolgreich auf Ihrem Rechner installiert.

Starten Sie nun *MProg*. Klicken Sie auf *File\New* und danach auf *Tools\Scan*. Jetzt wählen Sie unter *Device Type* »FT232R« aus. Öffnen Sie nun das File *Freeduino.ept*, das Sie im Verzeichnis *MProg Files* vorfinden. Jetzt klicken Sie auf *Device\ Programm*.

**ACHTUNG:**
Stellen Sie zuvor sicher, dass kein anders Gerät mit einem FTDI-Chip am PC angeschlossen ist!

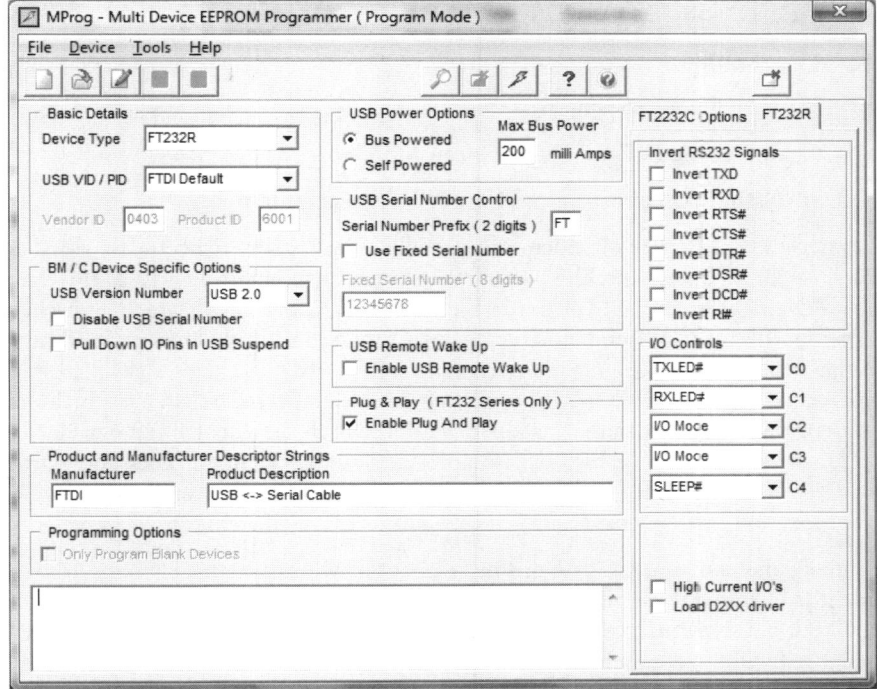

**Bild 7.10:** Die Einstellungen in MProg

## 7.3 FT232R mit MProg programmieren

Nach der Programmierung erscheint die Platine wieder als neues USB-Gerät. Ziehen Sie den USB-Stecker einmal ab und verbinden Sie die Platine erneut. Windows erkennt ein neues Gerät und installiert automatisch den vorhandenen Treiber. Der FT232RL erhält damit eine neue Comport-Nummer. Bei anderen Betriebssystemen läuft die Installation ähnlich ab.

- File – New
- Device Type – FT232R
- USB Power Option – Bus Powered – 200 mA
- Invert RS-232 Signals – keine Häkchen
- C0 = TXDLED#
- C1 = TXLED#

- C2 und C3 = I/O Mode
- C4 = (SLEEP#)
- Alle Einstellungen speichern
- Jetzt können Sie *Device – Programm* ausführen
- USB-Platine einmal neu verbinden (ab-/ anstecken), fertig!

Aktuelle PCs besitzen oft noch eine serielle Schnittstelle, teilweise ist sie aber nicht mehr an einen Anschluss geführt. Mit dem angeschlossenen FT232R erhält der PC eine weitere COM-Schnittstelle. Windows unterscheidet nicht zwischen einer Hardware-COM und einer virtuellen COM-Schnittstelle. Ihre neue Schnittstelle erhält den nächsten freien Namen, z. B. COM2. Es kann sich allerdings auch um eine höhere COM-Nummer handeln, wenn Sie bereits zuvor mehrere andere USB-seriell-Wandler installiert hatten. Durch die Umstellung der Signalleitungen mit MPROG erhielt der IC eine neue interne Gerätenummer und wurde wieder als neues Gerät erkannt, was auch eine neue COM-Nummer bedingt, z. B. COM3.

Im Allgemeinen sind COM-Nummern über COM9 hinaus problematisch, weil nicht jede Software damit umgehen kann. Andererseits sind die Nummern unter COM10 zwar möglicherweise durch ein früher installiertes Gerät belegt, jedoch nicht aktuell in Gebrauch. Es ist daher sinnvoll, die USB-Platine auf z. B. COM2 umzustellen.

## 7.4 Die Arduino-Software installieren

Installieren wir jetzt unsere Arduino-Programmierumgebung, die auf dem Programm *Processing* basiert und ebenfalls auf der mitgelieferten CD-ROM enthalten ist. Processing ist eine einfache C-Programmiersprache. Sie wurde speziell für Künstler, Designer und Anwender entwickelt, die nicht so tief in die Materie *Softwareentwicklung* involviert sind, aber dennoch für ihre Ideen ein kleines Programm benötigen.

> Unter folgenden Links finden Sie mehr darüber:
> *http://processing.org/*
> *www.arduino.cc*

Sie müssen hierzu lediglich den Ordner *Arduino-xxxx* im Ordner *Software\Entwicklungsumgebung\Windows* auf Ihren Rechner in ein gewünschtes Verzeichnis kopieren, z. B. *E:\ARDUINO*. In diesem Ordner können Sie einen weiteren mit dem Namen *Meine Programme* erstellen, in dem Sie später Ihre eigenen Programme abspeichern können. Die Beispiele zu diesem Buch kopieren Sie auch noch in den Ordner, um nicht ständig die CD-ROM im Laufwerk haben zu müssen. Es wurde das Laufwerk *E:* gewählt, es kann jedoch auch ein beliebiges anderes Laufwerk sein. Das fertige Verzeichnis sollte dann ungefähr wie folgt aussehen:

E:\ ARDUINO\ Arduino-xxxx\ → hier liegt die Entwicklungsumgebung

E:\ ARDUINO\ Meine Programme\ → hier sind die Programme untergebracht

E:\ ARDUINO\ Franzis\ → hier liegen die Buchbeispiele

Für MAC- und Linux-User liegen die Dateien im entsprechenden Ordner.

**TIPP:**
Es muss nicht zwingend das Systemlaufwerk C:\ verwendet werden. Sollte Windows nicht mehr funktionieren und müssen Sie es neu installieren, sind evtl. auch Ihre Arduino-Programme weg.

# 8 Die Arduino-Entwicklungsumgebung

Arduino haben wir nun auf unseren Rechner kopiert und wir können zum ersten Mal die *Arduino.exe* ausführen. Gehen Sie in das Verzeichnis, in dem Sie *Arduino-xxxx* abgespeichert haben. Starten Sie das Programm mit einem Doppelklick auf die Datei mit dem Namen *Arduino.exe*. Einfacher ist es für das spätere Aufrufen des Programms, wenn Sie sich eine Desktop-Verknüpfung erstellen.

Nach dem Ausführen des Programms erscheint für einige Sekunden der folgende Startbildschirm.

**Bild 8.1:** Arduinos Startbildschirm nach dem Starten der Arduino.exe

In der Arduino-IDE (engl.: integrated development environment), der integrierten Entwicklungsumgebung, finden Sie diverse Werkzeuge und Einstellmöglichkeiten, die den Umgang mit Arduino erleichtern.

**Kapitel 8: Die Arduino-Entwicklungsumgebung**

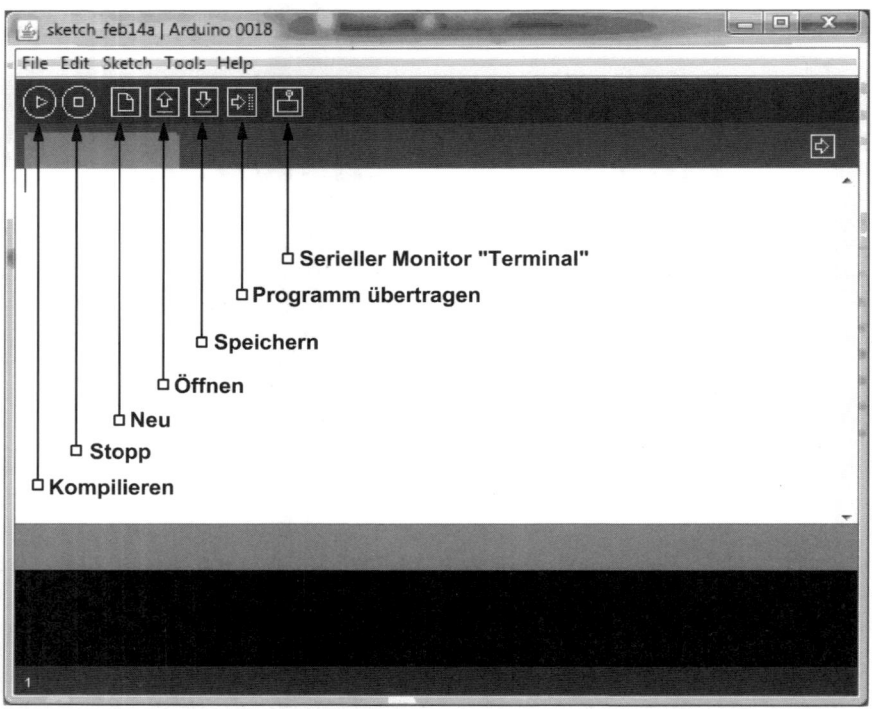

**Bild 8.2:** Die Arduino-Entwicklungsumgebung

Sehen wir uns ein wenig in der Arduino-Entwicklungsumgebung um. Vom Menü aus kann man alle Funktionen von Arduino aufrufen. Die einzelnen Möglichkeiten werden wir im Lauf der Zeit noch kennenlernen. Unter dem obersten Menü befindet sich noch eine Toolbar, die bereits mit den am häufigsten benötigten Elementen bestückt ist.

| | |
|---|---|
| Kompilieren: | Erstellt das File, das auf das Mikrocontrollerboard übertragen wird |
| Stopp: | Kompilieren wird abgebrochen |
| Neu: | Erstellt einen neuen Sketch (neues Arduino-File) |
| Öffnen: | Sketch öffnen |
| Speichern: | Speichert den Sketch |
| Programm übertragen: | Programm wird auf das Mikrocontrollerboard übertragen |
| Terminal: | Öffnet das integrierte ASCII-Terminal |

## 8.1 Einstellungen in der Arduino-IDE

Vor Beginn müssen noch Einstellungen getätigt werden. Dazu gehören die Auswahl des verwendeten Arduino-(Freeduino-)Boards und die verwendete Schnittstelle.

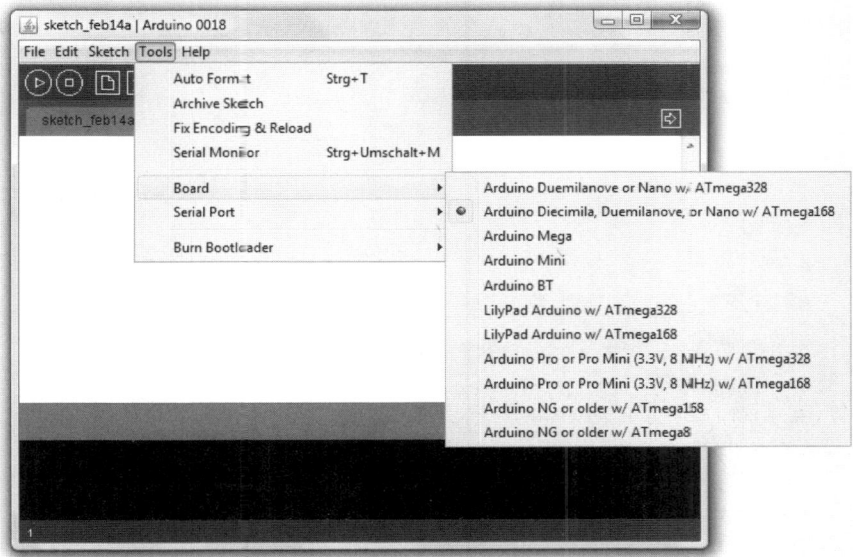

**Bild 8.3:** Die Auswahl des Mikrocontrollerboards

Hier wählen wir das *Arduino Diecimila* aus. Verwenden wir ein anderes als das hier beschriebene Board, müssen wir das entsprechende auswählen.

Für den nächsten Schritt muss zwingend das Mikrocontrollerboard am PC angeschlossen und die Treiber müssen ordnungsgemäß installiert sein, bevor wir die IDE öffnen. Sonst erscheint der Comport (serielle Schnittstelle *COM...*) nicht in der Liste. Wenn Sie mehrere Auswahlmöglichkeiten vorgeschlagen bekommen, vergewissern Sie sich im Gerätemanager, welcher Comport des Mikrocontrollerboards verwendet wird. Trennen Sie das Board notfalls und stecken es wieder an. Dann sehen Sie, welcher Comport aus dem Gerätemanager verschwunden ist und sich nach dem Anstecken wieder gemeldet hat.

**64** Kapitel 8: Die Arduino-Entwicklungsumgebung

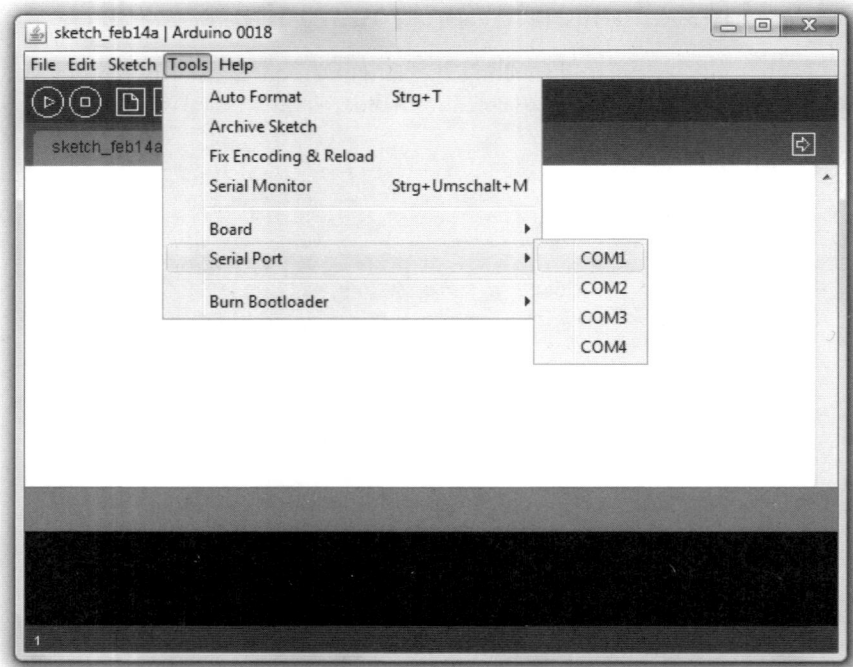

**Bild 8.4:** Auswahl der seriellen Schnittstelle

Zum Schluss stellen wir noch die Baudrate im Terminal ein. Dazu klicken wir auf das Terminal *Icon* und wählen *9.600 Baud* aus. Dies ist die Geschwindigkeit, die wir für die meisten Programme im Buch verwenden.

## 8.2 Der erste Funktionstest »ES_Blinkt«

Um nun unsere Hardware und die Arduino-Einstellungen einer Funktionsüberprüfung zu unterziehen, schreiben wir das erste Programm mit Arduino. Das Programm ist extra sehr klein und einfach gehalten, um Fehler auszuschließen. Schließen Sie zuerst bis auf eines alle Editorfenster, die wir evtl. bereits beim Herumschnuppern in der Entwicklungsumgebung geöffnet haben. Jetzt klicken Sie im Menü *File* auf *New* und es erscheint ein neues Editorfenster. In dieses tippen Sie nun das folgende Programm ein und speichern es in einem Ordner auf der Festplatte ab. Am besten, Sie verwenden den Ordner *Meine Programme*. Arduino legt bei der Angabe im *Speichern*-Dialog automatisch einen Ordner für das Programm an und speichert es dort ab. Wenn Sie z. B. »ES_Blinkt« als Programmnamen angeben, erstellt die Arduino-IDE einen Ordner im ausgewählten

## 8.2 Der erste Funktionstest »ES_Blinkt«

Verzeichnis mit den Namen *ES_Blinkt* und legt das *.pde*-File (Programmcode) dort ebenfalls mit den Namen *ES_Blinkt.pde* ab.

**Beispiel: ES_Blink.pde**

```
// Blink
// Verwendet die LED L auf der Arduino/ Freeduino Platine

int ledPin = 13;      // LED ist am Digital-Pin 13 angeschlossen

// Die Setup-Routine konfiguriert den Digitalport
// Diese Routine wird nur einmal beim Programmstart ausgeführt!

void setup()
{
  // Der Port wird als Ausgang konfiguriert
  pinMode(ledPin, OUTPUT);
}

// Das Hauptprogramm ist eine Endlosschleife
void loop()
{
  digitalWrite(ledPin, HIGH);   // LED einschalten
  delay(1000);                  // Eine Sekunde warten
  digitalWrite(ledPin, LOW);    // LED ausschalten
  delay(1000);                  // Eine Sekunde warten
}
```

Nun können Sie das Programm zuvor auf Syntaxfehler überprüfen, indem Sie in der Toolbar auf das erste Symbol mit den der Pfeilspitze nach rechts klicken oder alternativ *Strg+R* eingeben.

Erhalten Sie keine Fehlermeldungen, können Sie das Programm mit dem Symbol in Form eines Pfeils nach rechts mit kleinen Punkten (::) oder alternativ über Hotkey *Strg+U* auf das Mikrocontrollerboard übertragen.

## Kapitel 8: Die Arduino-Entwicklungsumgebung

```
/*
  Blink

  Verwendet die LED "L" auf der Arduino/ Freeduino Platine

*/

int ledPin = 13;      // LED ist am Digital pin 13 angeschlossen

// Die Setuproutine konfiguriert unseren Digitalport
// Diese Routine wird nur einmal beim Programmstart ausgeführt!
void setup()
{
  // Der Port wird als Ausgang konfiguriert
  pinMode(ledPin, OUTPUT);
}


// Das Hauptprogramm ist eine Endlosscheleife
void loop()
{
  digitalWrite(ledPin, HIGH);   // LED einschalten
  delay(1000);                  // Eine Sekunde warten
  digitalWrite(ledPin, LOW);    // LED ausschalten
  delay(1000);                  // Eine Sekunde warten
}
```

Done compiling.

Binary sketch size: 896 bytes (of a 30720 byte maximum)

**Bild 8.5:** Das Programm wurde ordnungsgemäß kompiliert.

Kurz nach dem Download sollte die LED *L* auf den Mikrocontrollerboard zu blinken beginnen.

> **TIPP:**
> Sollte der Bootloader einen Fehler melden, kann ein Trennen und Wiederverbinden der Experimentierplatine mit dem PC Abhilfe schaffen.

## 8.3 Was haben wir getan?

Arduino hat uns viel Arbeit abgenommen. Sehen wir uns das kleine Programm einmal genauer an.

```
// Blink
// Verwendet die LED L auf der Arduino/Freeduino-Platine
```

Bis hierher haben wir den Quellcode nur dokumentiert.

Hier definieren wir, dass die Variable mit dem Namen *ledPin*, an der unsere LED *L* angeschlossen ist, die Zahl 13 enthält.

```
int ledPin = 13;
```

Die Routine *void setup()* wird beim Programmstart einmalig aufgerufen und initialisiert die Variablen, Ports usw. zum Programmstart.

```
void setup()
{
  // Der Port wird als Ausgang konfiguriert
  pinMode(ledPin, OUTPUT);
}
```

Über den Befehl *pinMode* geben Sie dem Programm nun zu verstehen, dass der Pin 13 (steht in der Variablen *ledPin*) OUTPUT (Ausgang) sein soll. Mit dem Befehl *pinMode* können Sie die Digitalports konfigurieren.

Nach der Routine *void setup()* folgt nun die Routine mit dem eigentlichen Programm. Diese nennt sich *void loop()*, wird direkt nach *void setup()* aufgerufen und ist immer als Endlosschleife ausgeführt. Jetzt wird die LED mit dem Befehl *digitalWrite* eingeschaltet. Die Variablen in der Klammer geben an, dass es sich um den Pin 13 handelt und der Zustand des Pins *high*, also eingeschaltet sein soll. Man könnte auch »13« schreiben anstatt »ledPin«, jedoch würde das die Lesbarkeit des Programms verschlechtern. Es ist immer besser, den Ports oder Variablen einen eindeutigen Namen zu geben. Der nächste Befehl ist eine Pause mit dem Namen *delay*, die Variable in der Klammer gibt die Wartezeit in Millisekunden an. Nach dieser Pause wird die LED mit *digitalWrite* und *LOW* wieder ausgeschaltet. Damit die Ausschaltdauer genauso lang wie die Einschaltdauer ist, folgt erneut *delay* mit 1.000 ms. Dieses kleine Programm wird nun fortlaufend ausgeführt.

```
void loop()
{
  digitalWrite(ledPin, HIGH);    // LED einschalten
  delay(1000);                   // Eine Sekunde warten
  digitalWrite(ledPin, LOW);     // LED ausschalten
  delay(1000);                   // Eine Sekunde warten
}
```

**INFO:**
Die Arduino-C-Programmiersprache basiert auf dem Hardware-Abstraction-Layer(HAL)-Prinzip und erleichtert das Programmieren enorm, weil man sich nicht mit dicken Datenblättern des Mikrocontrollers herumschlagen muss. HAL ist eine logische Zwischenschicht in einem Betriebssystem, hier der Arduino-Programmieroberfläche und dem darunterliegenden Arduino-Compiler. Diese Zwischenschicht erledigt die direkte Hardware-Initialisierung. Man muss nur, wie im obigen Beispiel, »pinMode« schreiben, um aus einem Pin einen Aus- oder Eingang zu machen, ohne dabei einen tieferen Einblick in den Mikrocontroller zu besitzen.

# 9 Arduino-Programmiergrundlagen

Für alle, die sich immer wieder von den komplexen Strukturen der Programmiersprachen abschrecken ließen, folgt hier eine kleine Einführung in die Grundlagen des Programmierens und der Arduino-C-Programmiersprache. Sie werden schnell sehen, wie einfach und schnell Sie mit wenigen Befehlen Ihre eigenen Programme schreiben können. Egal, was Sie später einmal für Projekte mit Arduino verwirklichen – die Grundlagen werden in diesem Kapitel gelegt.

## 9.1 Bits und Bytes

Die momentan kleinste Informationseinheit in einem Computersystem ist das Bit. Im Englischen werden Dualzahlen als *binery digits* bezeichnet. Daraus entstand das Kunstwort *Bit*. Ein Bit kann nur zwei Werte annehmen: 0 oder 1 (für Stromfluss bzw. kein Stromfluss). Durch Aneinanderreihung einer festen Länge von Bits kann jede Information dargestellt werden.

Ein Byte ist eine Kombination aus acht Bits. Mit einem Byte können somit 256 verschiedene Kombinationen dargestellt und später interpretiert werden. Ein halbes Byte, also vier Bit, wird ein *Halbbyte* oder auch *Nibble* genannt.

4 Bit = 1 Nibble = 1 Halbbyte
8 Bit = 2 Nibble = 1 Byte

Die Umrechnungszahl zwischen benachbarten Einheiten ist jeweils 1.024. Eine Ausnahme bildet die Umrechnung von Bit in Byte, da hierbei die Umrechnungszahl 8 ist. Diese doch relativ einzigartig unrunden Umrechnungszahlen gründen darauf, dass die Berechnungen in der Informatik auf der Basis »2« beruhen ($2^n$).

| | |
|---|---|
| 1 Byte | 8 Bit |
| 1 Kilobyte (1 KB) | 1.024 Byte ($2^{10}$ Byte) |
| 1 Megabyte (1 MB) | 1.024 KB ($2^{10}$ KB) |
| 1 Gigabyte (1 GB) | 1.024 MB ($2^{10}$ MB) |
| 1 Terabyte (1 TB) | 1.024 GB ($2^{10}$ GB) |

## 9.2 Grundsätzlicher Aufbau eines Programms

Die meisten Programme sind immer ähnlich aufgebaut, da sie der prozeduralen Programmierung unterliegen. Prozedurale Programmierung ist der Ansatz, Computerprogramme aus kleineren Teilproblemen (Aufgaben), die als *Prozeduren* bezeichnet werden, aufzubauen. Der kleinste und unteilbare Schritt bei diesem Verfahren ist die *Anweisung*. Ein Programm schreitet sozusagen von Anweisung zu Anweisung voran. *Prozedur* bedeutet »voranschreiten« und wird von dem lateinischen Wort »procedere« abgeleitet. Der Programmierer befiehlt dem Mikrocontroller durch das Programm, was dieser in welcher Reihenfolge zu tun hat. Bei diesem Vorgang zielt man darauf ab, Quellcode wiederverwendbar (modular) und einfach zu gestalten.

### 9.2.1 Sequenzieller Programmablauf

Bei der sequenziellen Programmierung wird immer derselbe Code, der aus einzelnen Prozeduren besteht, in einer Schleife durchlaufen. Die folgende Abbildung veranschaulicht den grundlegenden Programmablauf der Eingabe – Verarbeitung – Ausgabe oder auch kurz *EVA* genannt.

## 9.2 Grundsätzlicher Aufbau eines Programms

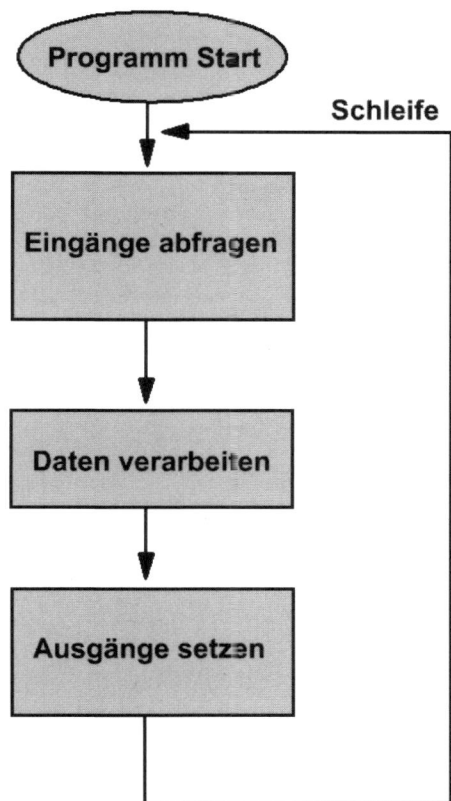

Bild 9.1: Prozeduraler (sequenzieller) Programmablauf

### 9.2.2 Interruptgesteuerter Programmablauf

Beim interruptgesteuerten Programmablauf werden beim Programmstart die benötigten Interruptus (Unterbrecher) scharfgeschaltet. Der weniger wichtige Teil des Programms durchläuft, wie bei der sequenziellen Programmierung, eine Endlosschleife, die wieder einzelne Prozeduren durchläuft. Sobald jedoch ein externer oder interner Interrupt wie z. B. ein Taster zuschlägt, wird die Hauptschleife, die sogenannte *Main-Loop*, verlassen und in die Interrupt-Routine gesprungen. Dort werden jetzt die wichtigen Aufgaben wie z. B. ein Notaus oder ähnlich abgearbeitet. Danach wird wieder in der Hauptschleife weitergearbeitet. Die folgende Abbildung veranschaulicht den Ablauf grafisch.

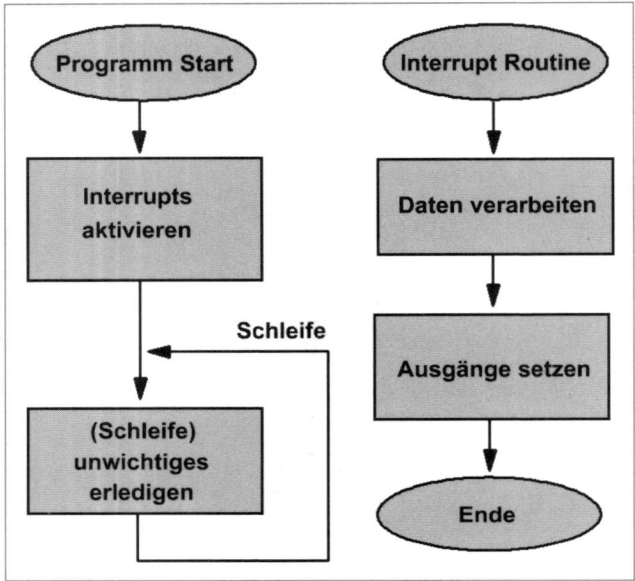

Bild 9.2:
Interruptgesteuerter
Programmablauf

## 9.3 Der Aufbau eines Arduino-Programms

- Info-Texte und Programmbeschreibung
- Header Files und Librarys einbinden
- Globale Variablen anlegen
- Setup-Routine *void setup()* (Ports und Co. konfigurieren)
- Hauptschleife *void loop()*
- Eigene Prozeduren

Wie wir in der Auflistung sehen, ist es gar nicht schwierig, sich an die wenigen grundlegenden Regeln zu halten. Der nächste Schritt ist es, das bereits Gelernte in einem kleinen Programm einzusetzen.

## 9.4 Das erste eigene Programm mit Arduino

Jetzt schreiben Sie Ihr erstes richtiges Arduino-Programm. Tippen Sie zur Übung den Quelltext einfach ab. Wenn Sie das nicht möchten, finden Sie den Quellcode auch auf der CD-ROM unter *Beispiele\Erstes_Programm*. Das Programm benötigt

## 9.4 Das erste eigene Programm mit Arduino

das Arduino-Terminal-Programm. Starten Sie nach dem Kompilieren und Übertragen auf den Controller das Terminalprogramm. Das Programm berechnet die Addition der beiden Zahlen und gibt sie über das Terminal aus. Nach der Ausgabe beginnt die LED *L* zu blinken. Durch Drücken des *Reset*-Tasters beginnt das Programm erneut.

**Beispiel: Erstes Programm.pde**

```
// Franzis Arduino
// Das erste Arduino-Programm, das ich selbst abtippe :-)

int ledPin =  13;   // Die LED ist an Pin 13 angeschlossen

void setup()
{
  Serial.begin(9600);
  pinMode(ledPin, OUTPUT);
  Serial.println("Unser erstes Arduino-Programm");
  Serial.println();
}

void loop()
{
  Serial.print("Die Summe aus 5 + 188 lautet ");
  Serial.print(5+188);


  while(true)
  {
    digitalWrite(ledPin, HIGH);    // LED einschalten
    delay(500);                    // warten für 500 ms
    digitalWrite(ledPin, LOW);     // LED ausschalten
    delay(500);                    // warten 500 ms
    continue;
  }
}
```

Das Programm enthält bereits die wichtigsten Grundzüge eines sequenziellen Programms. Zuerst wird Arduino mitgeteilt, dass die Variable *ledPin* die Zahl 13 enthalten soll. Danach geht es in die Setup-Routine. Hier geben Sie an, an welchen Pin die LED angeschlossen ist und dass die serielle Schnittstelle mit einer Baudrate mit 9.600 Baud verwendet werden soll. Eine kleine Informationsausgabe über die serielle Schnittstelle schließt die Setup-Routine ab.

Jetzt geht es weiter zur Hauptschleife mit den Namen *loop()*. Dort werden nun ein Text und die Summe aus 5+188 ausgeben. Damit das alles in einer Zeile geschieht, verwenden Sie zur Ausgabe über die serielle Schnittstelle den Befehl *Serial.print*. Bei der Info *Ausgabe* haben wir *Seriel.println* verwendet. Dieser macht nach der Ausgabe einen sogenannten *carriage return line feed (CR+LF)*, also einen Zeilenumbruch mit Sprung auf den Anfang der nächsten Zeile.

Ist die Ausgabe erfolgt, wird die *while*-Schleife ausgeführt, aus der man nicht mehr herauskommt, was die LED dauerhaft blinken lässt.

> **TIPP:**
> Achten Sie beim Abtippen auf korrekte Schreibweise (Groß-/Kleinschreibung) sowie auf die Klammern und Semikolons!

## 9.5 Arduino-Befehle und ihre Verwendung

Wer mit Arduino seine ersten Programmierschritte wagt, sollte dieses Kapitel genauer studieren und die Beispiele ausprobieren, bis sie verstanden sind. Dieser kleine Grundlagenkurs der Arduino- und C-Programmierung legt die Grundsteine für weitere Programme und baut auf diesen auf.

### 9.5.1 Kommentare im Quelltext

Wer sein Programm nach einer gewissen Zeit immer noch richtig lesen und verstehen möchte, sollte seinen Quelltext sauber und ordentlich dokumentieren. Die Dokumentation kann man übersichtlich im Quellcode selbst erstellen. Dazu gibt es unterschiedliche Kommentarzeichen, die man dazu verwenden kann, normale Texte auszuklammern. Bei Arduino erscheint ein auskommentierter Text grau.

**Beispiel: Kommentar.pde**

```
// Ich bin ein einzeiliger Kommentar
/*
    Ich bin ein
    mehrzeiliger Kommentar,
    der immer länger und länger wird…
*/

/*******************************************
    So sieht das noch viel schöner aus!
*******************************************/
```

> **INFO:**
> Kommentare im Programmcode erleichtern uns das Lesen des Programms auch zu einem späteren Zeitpunkt ungemein – denn wissen Sie nach einem Jahr noch, was Sie im Programm gemacht haben?!

## Geschweifte Klammer {}

Die geschweiften Klammern signalisieren dem Compiler einen Codeblock.

Ein Block wird immer mit »{« geöffnet und mit »}« abgeschlossen. Im Inneren der Klammern stehen die Anweisungen.

Beispiel:
```
type Meine_Funktion()
{
   // Innerhalb der Klammern stehen die Befehle
}
```

## Semikolon ;

Das Semikolon schließt einen Befehl ab. Vergessen Sie dieses Zeichen, wird Ihnen der Arduino-Compiler eine Fehlermeldung ausgeben.

Beispiel:
```
Int x=42;  // Hier wird x als Integervariable deklariert und die Zahl 42 zugewiesen, das Semikolon schließt die Zuweisung ab.
```

## Datentypen und Variablen

Jedes Programm besteht aus verschiedenen Variablen, die entweder von der Außenwelt (z. B. einem Analogeingang oder Digital-Pin) stammen oder intern zur Verrechnung im Programm benötigt werden, um daraus wieder eine Ausgabe über einen PORT, RS-232 etc. zu machen. Für die Programmierung stehen verschiedene Variablen-Typen wie Byte, Integer, Long und Float zur Verfügung. Diese müssen vor der Verwendung immer definiert werden.

## Variablen-Namen

Beim Arduino C wird bei Variablen-Namen zwischen Groß- und Kleinschreibung unterschieden. Der Unterstrich ( _ ) wird bei Arduino zugelassen. Er wird oft benutzt, um lange Variablen-Namen lesbarer zu machen. Schlüsselwörter wie *if, while, do* usw. dürfen als Variablen-Namen nicht verwendet werden. Globale Variablen und Funktionen dürfen nicht denselben Namen besitzen. Außerdem können Funktionen innerhalb des Bezugsrahmens einer lokalen Variablen nicht benutzt werden, wenn sie denselben Namen wie die Variablen besitzen.

## Lokale und globale Variablen

Wenn eine Variable innerhalb einer Funktion, einer Prozedur oder als Argument einer Funktion deklariert wird, ist sie lokal eingebunden. Das bedeutet für uns, dass die Variable nur innerhalb dieser Funktionsdefinition existiert. Eine außerhalb einer Funktion deklarierte Variable wird als *globale Variable* bezeichnet. Sie ist für alle Funktionen innerhalb unseres Programms definiert.

```
byte Variable;        // Byte-Variable, sie kann Werte von 0 bis
                      // 255 annehmen

float PI = 3.1415;    // Konstante PI als Float

int myArray[9]        // Byte-Array, hat eine ähnliche Bedeutung,
                      // wie 10x ein Byte mit byte Var  zu
                      // erstellen. Das jeweilige Byte wird über
                      // den Index angesprochen: Var( x)
                      // Die Arrays werden von 0 aus gezählt!
```

## Die verschiedenen Datentypen

In der folgenden Auflistung sehen Sie, welche Datentypen möglich sind und wie viel Speicher dabei belegt wird.

### Boolean

Die Variable *Boolean* kann den Zustand *true* oder *false* annehmen. Eine Boolean benötigt im Speicher 1 Byte. Die Angabe *true* ist gleichzustellen mit dem Wert 1, und *false* ist nicht 0, wie oft angenommen, sondern != 1 also ungleich Eins.

```
boolean MeineWahrheit = true;   // Die Variable ist wahr
```

### Byte

1 Byte ist 8 Bit und kann Werte von 0 bis 255 aufnehmen

```
byte MeineVariable = 0;   // Die Variable wird hier angelegt und
                          // mit 0 initialisiert
```

### Char

Ein Charakter ist 1 Byte groß. Ein Char ist ein Zeichen das in *single quote,* also mit Hochkomma, oder, wenn es mehrere Zeichen sein sollen, in Anführungszeichen ("HALLO") gesetzt wird. Ein Charakter speichert die Nummer des ASCII-Zeichensatzes. Der Buchstabe "A" besitzt z. B. die Zahl 65. Charaktere können Werte zwischen -127 und +127 aufnehmen.

```
char MeinCharakter = "A";   // Zahl 65
```

### Unsigned Char

Unsignierte Charaktere verhalten sich ähnlich wie signierte Charaktere, nur dass sie nur positive Werte im Bereich 0 bis 255 speichern können.

```
unsigned char = "E";        // Zahl 66
```

### Int (Integer)

Ein Integer besteht aus zwei Bytes und kann Werte von -32768 bis +32768 aufnehmen.

```
int MeineVariable = -32760; // Integer-Variable mit dem Wert
-32760
```

### Unsigned int

Eine Unsigned Integer fasst Variablen im Bereich von 0 bis 65,535 ($2^{16}$) − 1). Der Unterschied zur reinen int ist, dass die unsigned, wie der Name schon sagt, nicht vorzeichenbehaftet ist. Sie benötigt im Speicher, wie int, 2 Bytes.

```
unsigned int MeineVariable = 50000;  // unsigned integer mit dem
Wert 50000
```

### Long

Eine *Long*-Variable besteht aus vier Bytes und kann Werte von -2147483648 bis 2147483647 annehmen (32 Bit Long)

```
long MeineVariable = 10000000;    // Eine Long-Variable mit dem
Wert 10000000
```

### Unsigned Long

Eine *Long*-Variable besteht aus vier Bytes und kann Werte von 0 bis 4.294.967.295 ($2^{32}$ -1) annehmen (32 Bit Long). Sie ist nicht vorzeichenbehaftet und kann somit nur positive Werte aufnehmen.

```
unsigned long MeineVariable = 54544454544;   // Sehr, sehr große
Variable
```

### Float

*Float*-Variablen können Werte mit 32 Bit und Vorzeichen speichern. Der Bereich liegt zwischen -3.4028235E+38 bis +3.4028235E+38. Sie benötigen 4 Byte im Speicher.

```
float MeineVariable = 100.42;     // Eine Float-Variable mit dem
Wert 100.42
```

### String

Eine *String*-Variable ist eine Zusammensetzung (Array) von Char und einer Nullterminierung.

Ein einzelnes Zeichen benötigt somit 1 Byte und am Ende der Kette zusätzlich +1 Byte zur Terminierung. So benötigt z. B. das Wort »Hallo« 6 Bytes.

```
char MeineZeichenkette[] = "Hallo Welt";      // Es werden 11
Bytes benötigt
```

### Arrays

Ein *Array* ist eine Anordnung von Variablen. Array bezeichnet in der Informatik eine Datenstruktur. Mithilfe eines Arrays können Daten eines üblicherweise einheitlichen Datentyps (Byte, Int usw.) geordnet so im Speicher eines Computers abgelegt werden, dass ein Zugriff auf die Daten über einen Index möglich wird. Bei Arduino müssen Arrays als Datentyp *Integer* deklariert werden. Der Index für ein Array startet bei Arduino mit 0, bei manch anderen Compilern beginnt der Index mit 1. Zudem ist wichtig zu wissen, dass Arduino derzeit nur eindimensionale Arrays unterstützt.

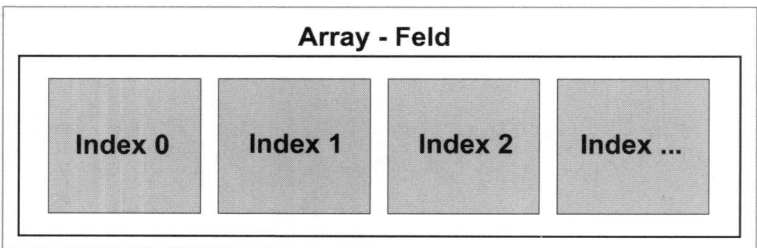

**Bild 9.3:** Aufbau eines Arrays

**Beispiel: Arrays.pde**

```
// Franzis Arduino
// Arrays

int Array_1[3];
int Array_2[] = {1,2,3};

void setup()
{
 Serial.begin(9600);
 Serial.println("Arduino Arrays");
 Serial.println();
}
```

```
void loop()
{
  byte x;

  Array_1[0] = 1;
  Array_1[1] = 2;
  Array_1[2] = 3;
  Array_1[3] = 4;

  Serial.println("Ausgabe Array 1 ");
  Serial.println("----------------");

  // Die Daten des ersten Arrays werden ausgeben
  for(x=0;x<3;x++)
  {
    Serial.print(Array_1[x]);
    Serial.println();
  }


  Serial.println("Ausgabe Array 2 ");
  Serial.println("----------------");

  // Die Daten des ersten Arrays werden ausgeben
  Serial.print(Array_2[0]);
  Serial.println()
  Serial.print(Array_2[1]);
  Serial.println()
  Serial.print(Array_2[2]);

  while(1);
}
```

Das obige Beispiel verdeutlicht die Verwendung von Arrays. Im ersten Array geben wir die Größe von 3 vor. Es können in diesem Array somit vier Variablen vom Typ Integer (16 Bit) gespeichert werden. Das zweite Array besitzt keine Größenangabe und es werden mit den geschweiften Klammern verschiedene Werte hinterlegt. Es handelt sich hierbei um ein *dynamisches Array*. In der Hauptschleife übergeben wir dem ersten Array verschiedene Werte, in unserem Fall 1, 2, 3, 4. Sie können selbst eigene Werte eingeben, um den Umgang mit den Arrays besser zu verstehen.

Die Zählervariable *x* der *For*-Schleife zählt den Index des Arrays durch und gibt die Werte im Terminal aus. Die Werte des zweiten Arrays rufen wir gezielt mit der Index-Angabe auf und geben sie genauso im Terminal aus.

Die *while(1)* stellt eine Endlosschleife dar, in der das Programm verharrt und somit ist sichergestellt, dass es nur einmal ausgeführt wird.

**Operatoren**

Jeder Datentyp verfügt über einige spezifische Operatoren, die angeben, welche Operationen auf den Typ angewendet werden können. Die folgende Auflistung zeigt die möglichen Arduino-Operatoren und deren Wirkung.

**Arithmetik**

= (Ergebnis bzw. Übertrag)
+ (Addition)
- (Subtraktion)
* (Multiplikation)
/ (Division)
% (Modulo – Restwert)

**Vergleich**

== (Gleich, Bsp. A == B)
!= (Ungleich, Bsp. A != B)
< (Kleiner, Bsp. A < B)
> (Größer, Bsp. A > B)
<= (Kleiner gleich, Bsp. A <= B)
>= (Größer gleich Bsp. A >= B)

**Bitweise Arithmetik**

& (Bitweise UND)
| (Bitweise ODER)
~ (Bitweise NICHT)

**Boolesche Arithmetik**

&& (Und, Bsp. If Antwort_A && Antwort_B wahr, dann mache was)
|| (Oder, Bsp. If Antwort_A || Antwort_B wahr, dann mache was)
! (Nicht, Bsp. If Antwort_A ! Antwort_B wahr, dann mache was)

**Inkrement und Decrement**

++ (Inkrementieren, Bsp. I++, Varible I wird um eins erhöt)
-- (Dekrement, Bsp. I++, Variable I wird um eins kleiner)
+= (Inkrement, Bsp. I +=5, Variable I wird um 5 erhöht)
-= (Dekrement, Bsp. I -= 5, Variable I wird um 5 verkleinert)

\*=    (Multiplikation, Bsp. I \*= 2, Variable I wird mit 2 multipliziert)
/=    (Division, Bsp. I /=2, Variable I wird durch 2 dividiert)

**Konstanten**
HIGH / LOW      (HIGH = 1, LOW = 0)
INPUT / OUTPUT  (INPUT = 0, OUTPUT = 1)
true / false    (true = 1, false != 1)

### #Define-Anweisungen

*Define* ist eine Präprozessor-Anweisung, die vor dem Kompilieren ausgeführt wird. Man könnte sagen, dass es sich um einen eigenen kleinen Compiler handelt, der zuvor die *#define*-Anweisungen zu Konstanten wandelt. Die *Define*-Anweisung ermöglicht es, einem Namen einen konstanten Wert zuzuweisen.

```
#define Variable1    1    // Ohne Semikolon!
```

Hier erhält die Variable1 den Wert 1. Immer wenn dann in dem Programm der Name *Variable1* vorkommt, wird dieser durch 1 ersetzt. Für uns ist dieses Ersetzen nicht sichtbar, aber der Compiler behandelt es so wie beschrieben. Wer sich genauer für den Präprozessor und *#define*-Anweisungen interessiert, sollte im Internet danach suchen.

### Kontrollstrukturen

Jedes Programm benötigt, um auf Ereignisse reagieren zu können, Bedingungen, sogenannte *Kontrollstrukturen*. Diese werden in C mit *if ... else-if ... else ...* oder *switch case* angegeben. Die Ausgaben der Beispielprogramme erfolgen über das in der Arduino-IDE enthaltene Terminalprogramm. Laden Sie die Beispiele auf das Mikrocontrollerboard und starten Sie danach das Terminalprogramm, um zu verstehen, was passiert.

#### *If*-Anweisung

```
if(Variable A == Variable B)
{
    // Hier steht der Code, der bei der Bedingung A gleich B
    // ausgeführt wird
}
```

**Beispiel: If.pde**
```
// Franzis Arduino
// if...

int x;

void setup()
```

```
{
 Serial.begin(9600);
 Serial.println("If Anweisungen");
 Serial.println();
}

void loop()
{

  if(x==10)
  {
    Serial.println("Die Variable X hat nun den Zaehlerstand 10!");
    while(1);
  }

  x++;

}
```

Der Programmcode durchläuft so lange die Hauptschleife *void loop()*, bis die Integer-Variable *x* gleich 10 ist. Erst dann wird der Programmteil zwischen *if* und den Klammern *{}* ausgeführt. Mit *if* kann man auf einfache Weise Programmverzweigungen realisieren.

Sie können nun selbst einmal mit anderen Operatoren experimentieren. Es sind logische Verknüpfungen wie *!=, <, >* usw. erlaubt.

### if – else

```
if(Variable A > Variable B)
{
   // Code, der ausgeführt werden soll
}
else // Oder wenn A nicht größer B
{
   // Code, der ausgeführt werden soll
}
```

**Beispiel: Else.pde**

```
// Franzis Arduino
// if... else...

int x;

void setup()
{
```

```
  Serial.begin(9600);
  Serial.println("If und Else Anweisungen");
  Serial.println();
}

void loop()
{
  if(x==10)
  {
    Serial.println("Die Variable X hat nun den Zaehlerstand 10!");
    while(1);
  }
  else
  {
    Serial.print("X = ");
    Serial.print(x);
    Serial.println();
  }

  x++;

}
```

Mit der *else*-Anweisung können wir eine Alternative anbieten. Das Programm gibt so lange den Wert von *x* aus, bis *x* den Wert 10 erreicht hat. Erst wenn *x* gleich 10 ist, wird der Programmteil zwischen den *else*-Klammern *{}* ausgeführt.

Auch hier gelten wieder die gleichen Operanten wie im vorhergehenden Beispiel.

### if und else if

Eine weitere Möglichkeit der mehrfachen Verschachtelung von *if*-Anweisungen ist *else if*. Hier können unterschiedliche Zustände der Variablen abgefragt werden. Je nach Wahrheit (*true* oder *false*) wird der entsprechende Abschnitt in der *else-if*-Anweisung ausgeführt.

```
if(Variable A != Variable B)
{
  // Code, der ausgeführt werden soll
}
else if (Variable A == Variable B)
{
  // Code, der ausgeführt werden soll
}
else (Variable A > Variable B)
{
```

```
    // Code, der ausgeführt werden soll
}
```

Im folgenden Beispiel ist je nach Wert der Variablen *x* der ausgegebene Text anders.

**Beispiel: ElseIf.pde**

```
// Franzis Arduino
// Else If

int x;

void setup()
{
 Serial.begin(9600);
 Serial.println("Else If Anweisungen");
 Serial.println();
}

void loop()
{


  if(x==42)
  {
    Serial.println("Die Variable X hat nun den Zaehlerstand 100
    erreicht!");
    while(1);
  }
  else if (x==10)
  {
    Serial.println("Wir haben 10 erreicht");
  }
  else
  {
    Serial.print("X = ");
    Serial.print(x);
    Serial.println();
  }

  x++;

}
```

## switch case

Ähnlich wie die *else if* erhält sich der Befehl *switch case*. Auch hier wird, je nachdem, welcher Wert gerade *true* (also der Wahrheit) entspricht, der entsprechende Codeabschnitt ausgeführt. Alternativ kann man mit *default* eine Alternative anbieten, sollte nichts innerhalb von *case* zutreffen. Jedes *case*-Statement wird mit *break* abgebrochen.

```
switch( Variable )
{
  case 1:
  // Code, der ausgeführt werden soll Variable = 1
          break;

  case 2:
  // Code, der ausgeführt werden soll Variable =2
          break;

     default:
        // Alternativ-Code, wenn alle anderen Bedingungen nicht
        // zutreffen
}
```

### Beispiel: SwitchCase.pde

```
// Franzis Arduino
// Switch Case

int x;

void setup()
{
 Serial.begin(9600);
 Serial.println("Switch Case Anweisungen");
 Serial.println();
}

void loop()
{
  switch(x)
   {
      case 10:
      Serial.println("Wir haben 10 erreicht");
      break;

      case 20:
```

```
      Serial.println("Wir haben 20 erreicht");
      break;

    case 30:
      Serial.println("Wir haben 30 erreicht");
      while(1);
      break;


    default:
      Serial.print("X = ");
      Serial.print(x);

      Serial.println();
  }

  x++;

}
```

Das Programm durchläuft die Hauptschleife und erhöht die Variable *x* immer um 1. Je nachdem, was in der *switch*-Anweisung gerade zutrifft, wird eine Antwort am Terminal ausgeben.

### Schleifen

Bei der Programmierung werden häufig Programmschleifen benötigt, z. B. um dezimal, Binärzähler oder eine Hauptschleife zu realisieren. Es kann auch die serielle Schnittstelle so lange ausgelesen werden, wie Zeichen im Puffer sind – um nur einige zu nennen. Es gibt dafür verschieden Schleifentypen. Jede von ihnen hat ihre Eigenheiten, die wir nun kennenlernen werden.

### for

Die *for*-Schleife zählt innerhalb eines angegeben Wertebereichs eine Variable hoch oder herunter. Dabei können bestimmte Schrittweiten vorgegeben werden.

```
// Aufbau einer for-Schleife
for( Startbedingung ; Stoppbedingung ; Zähler erhöhen )
{
    // Programmblock
}

// Diese Schleife zählt von 0 bis 10 mit einer Schrittweite von 1
for( x = 0 ; x < 11 ; x++)
{
   // Code, der 10-mal durchlaufen werden soll
```

```
}

// Die Variable x wird jetzt immer um 2 erhöht
for( x = 0 ; x < 11 ; x=x+2)
{
    // Code, der 10-mal durchlaufen werden soll
}

// Variable x wird von 10 auf 1 herunter gezählt (Schrittweite 1)
for( x = 10 ; x != 0 ; x--)
{
    // Code, der 10-mal durchlaufen werden soll
}
```

**Beispiel: for.pde**

```
// Franzis Arduino
// For

int x;

void setup()
{
 Serial.begin(9600);
 Serial.println("For Anweisungen");
 Serial.println();
}

void loop()
{

  Serial.println("Schrittweite 1");
  for(x=0;x<11;x++)
  {
     Serial.print("X = ");
     Serial.print(x);
     Serial.println();
  }

  Serial.println("Schrittweite 2");
  for(x=0;x<11;x=x+2)
  {
     Serial.print("X = ");
     Serial.print(x);
     Serial.println();
  }
```

```
Serial.println("Jetzt zaehlen wir von 10 mit Schrittweite 1
auf 1 herunter");
for(x=10;x!=0;x--)
{
   Serial.print("X = ");
   Serial.print(x);
   Serial.println();
}

// Programm-Ende!
while(1);

}
```

Das Programm durchläuft drei *for*-Schleifen und verdeutlicht die Funktionsweise anhand der Ausgabe der Zählerstände. Man sieht deutlich, dass man bei dieser Methode immer +1 rechnen muss, um den gewünschten Zählerstand zu erreichen. Um bis auf 10 zu zählen, muss man »11« angeben. Somit läuft die Schleife so lange, wie der Wert kleiner 11 ist. Bei 10 wäre der nächste Schritt bereits 11 und die Bedingung wäre nicht mehr gegeben.

**while – do while**

Weitere Varianten einer Schleife sind die *while*- und *do-while*-Version. Die *while*-Variante wird einmal durchlaufen und prüft erst nach einem Durchlauf, ob die Bedingung erfüllt ist. D. h.: Diese Schleife wird mindestens einmal durchlaufen. Die *while*-Schleife wird gern für Endlosschleifen eingesetzt. Die Schleife kann jedoch mit *break* abgebrochen werden. Wenn wir vor dem Durchlauf die Bedingung prüfen möchten, verwenden wir die *while( Statement)*-Version. Hier wird zuerst überprüft, bevor die Schleife durchlaufen wird.

```
// Endlosschleife
while(1)
{
     // Was auch immer wir hier tun wollen
}

// Endlosschleife mit bedingtem Abbruch
while(1)
{
     Variable++;
     if( Variable > 10 ) break;
}
```

## 9.5 Arduino-Befehle und ihre Verwendung

```
// While
While( Variable < 10 )
{
   Variable++;
}

// Do While
do
{
   Variable++;
}while( Variable < 10 );
```

**Beispiel: DoWhile.pde**

```
// Franzis Arduino
// Do While

int X=0;

void setup()
{
 Serial.begin(9600);
 Serial.println("Do und Do While Program");
 Serial.println();
}

void loop()
{

  while(1)
  {
    X++;
    Serial.print(X);
    Serial.println( );
    if(X>9) break;
  }

  X=0;
  Serial.println()

  while(X<10)
  {
    X++;
    Serial.print(X);
    Serial.println();
  }
```

```
X=0;
Serial.println();

// Do While
do
{
   X++;
   Serial.print(X);
   Serial.println();
}while( X < 10 );

while(1);
}
```

## Funktionen und Routinen

Funktionen werden Sie immer wieder benötigen. Sie machen das Programm wesentlich übersichtlicher, und auch eigene Befehle können damit verwirklicht werden. Sie können eigene Funktionen und Prozeduren (Unterprogramme ohne Rückgabewert), die Sie immer wieder benötigen, selbst schreiben und in kommenden Projekten wieder verwenden (Modularität). Der Unterschied zwischen Funktion und Prozedur (allgemein *Sub Routine* genannt) ist, dass eine Funktion im Gegensatz zu einer Prozedur einen Rückgabewert besitzt. In einer Funktion kann man z. B. eine mathematische Berechnung durchführen, die das Ergebnis an eine Übergabevariable zurückgibt.

### Routinen

**Beispiel: Sub.pde**

```
// Franzis Arduino
// Arduino-Sub-Routinen

void setup()
{
   Serial.begin(9600);
   Serial.println("Arduino Sub-Routinen");
   Serial.println();
}

void loop()
{
   Ausgabe1();
```

```
   Ausgabe2();
   while(1);
}
void Ausgabe1()
{
   Serial.println("Ausgabe 1");
}
void Ausgabe2()
{
   Serial.println("Ausgabe 2");
}
```

**Funktionen**

Eine Funktion ist ein Block von Programmcodes, der einen Namen hat und eine Reihe von Anweisungen, die beim Aufruf der Funktion ausgeführt werden. Die Funktionen *void setup()* und *void loop()* wurden bereits erklärt. Es gibt noch weitere eingebaute Funktionen, die später behandelt werden.

Eigene Funktionen zu schreiben ist sinnvoll, um sich wiederholende Aufgaben zu vereinfachen und die Übersichtlichkeit der Programmstruktur zu fördern. Funktionen werden erstellt, indem zuerst der Type der Funktion definiert wird. Dieser ist identisch mit dem Datentyp des zurückgegebenen Werts, wie z. B. *int* für den Integer-Typen. Wenn kein Wert zurückgegeben werden soll, wird, wie im obigen Beispiel *Sub.pde,* der Funktionstyp *void* verwendet. Nach der Definition des Typs werden der Name und in Klammern alle Parameter, die der Funktion übergeben werden sollen, festgelegt.

**Beispiel: Funktionen.pde**

```
// Franzis Arduino
// Arduino-Funktionen

void setup()
{
   Serial.begin(9600);
   Serial.println("Arduino Funktionen");
   Serial.println();
}

void loop()
{
   int Erg;
   Erg=Addition(12,55);
```

```
      Serial.print("Die Summe aus 12 + 55 = ");
      Serial.println(Erg);

      while(1);
}

int Addition(int x, int y)
{
   int sum;
   sum=x+y;
   return sum;
}
```

**Continue**

Die *continue*-Anweisung überspringt den Rest des aktuellen Durchlaufs einer Schleife (*do, for* oder *while*) und führt den Code nach dem *{}*-Block aus.

**Beispiel: Continue.pde**

```
// Franzis Arduino
// Arduino Continue

int i=0;

void setup()
{

   Serial.begin(9600);
   Serial.println("Arduino Continue");
   Serial.println();
}

void loop()
{

  for(i=0;i<10;i++)
   {
     if(i%2==0)
     {
       continue;
     }
     Serial.print(i);
     Serial.print(" nicht durch 2 teilbar!");
     Serial.println();
```

```
    }
  while(1);
}
```

Die *continue*-Anweisung unterbricht hier immer die *for*-Schleife, wenn die Variable (i) nicht durch 2 teilbar ist.

### Typenumwandlung

Mit den Funktionen *char()*, *byte()*, *int()*, *long()* und *float()* kann jede beliebige Variable in den angegebenen Wert umgewandelt werden. So können wir z. B. aus einem Byte eine *Long*-Variable machen. Sinn ist, den Datentyp für Berechnungen anzupassen.

Char()
wandelt einen Wert in einen *Charakter* rum.

Byte()
wandelt einen Wert in ein *Byte* um.

Int()
wandelt einen Wert in ein *Integer* um.

Long()
wandelt einen Wert in eine *Long* um.

Float()
wandelt einen Wert in eine *Float* um.

### Mathematische Funktionen

Im folgenden Abschnitt werden Sie die mathematischen Funktionen von Arduino kennenlernen. Überprüfen Sie die Ergebnisse auch einmal mit einem Taschenrechner.

### min(x, y)

berechnet das Minimum von zwei Werten eines Datentyps und gibt den kleineren Wert zurück.

**Beispiel: min.pde**
```
// Franzis Arduino
// Arduino min(x,y) Funktion
```

```
int x,y,Erg=0;

void setup()
{
   Serial.begin(9600);
   Serial.println("Arduino min(x,y) Funktion");
   Serial.println();
}

void loop()
{
   Erg=min(10,55);
   Serial.print(Erg);
   Serial.println();

   while(1);
}
```

**max(x, y)**

berechnet das Maximum von zwei Werten eines Datentyps und gibt den größeren Wert zurück.

**Beispiel: max.pde**
```
// Franzis Arduino
// Arduino max(x,y) Funktion

int x,y,Erg=0;

void setup()
{
   Serial.begin(9600);
   Serial.println("Arduino max(x,y) Funktion");
   Serial.println();
}

void loop()
{
   Erg=max(10,55);
   Serial.print(Erg);
   Serial.println();

   while(1);
}
```

## 9.5 Arduino-Befehle und ihre Verwendung

**abs(x)**
berechnet den Absolutwert eines Datentyps.

**Beispiel: abs.pde**
```
// Franzis Arduino
// Arduino abs(x,y)-Funktion

int Erg;

void setup()
{
   Serial.begin(9600);
   Serial.println("Arduino abs(x,y) Funktion");
   Serial.println();
}

void loop()
{
    Erg=abs(3.1415);
    Serial.print(Erg);
    Serial.println();

    while(1);
}
```

**constrain(x, a, b)**
beschränkt eine Zahl x in einem bestimmten Bereich a, b.

**Beispiel: constrain.pde**
```
// Franzis Arduino
// Arduino constrain(x, a, b)-Funktion

int x,Erg;

void setup()
{
   Serial.begin(9600);
   Serial.println("Arduino constrain(x, a, b) Funktion");
   Serial.println();
}

void loop()
{
    for(x=0;x<60;x++)
    {
```

```
      Erg=constrain(x, 10, 50);
      Serial.print(Erg);
      Serial.println();
   }

   while(1);
}
```

**map(x, fromLow, fromHigh, toLow, toHigh)**

Die *map*-Funktion ist generell eine nützliche Funktion zur Übersetzung eines Wertebereichs in einen anderen. Sie ist ideal, um eine große Eingangsvariable in eine kleine Ausgangsvariable zu übersetzen.

**Beispiel: map.pde**

```
// Franzis Arduino
// Arduino map(x, fromLow, fromHigh, toLow, toHigh)-Funktion

int x,Erg;

void setup()
{
   Serial.begin(9600);
   Serial.println("Arduino Map Funktion");
   Serial.println();
}

void loop()
{
   for(x=0;x<20;x++)
   {
      Erg=map(x,0,20,5,15);
      Serial.print(Erg);
      Serial.println();
   }

   while(1);
}
```

**pow(base, exponent)**

Die Funktion *pow* ergibt das Ergebnis der Potenzierung des ersten Argumentwerts mit dem zweiten Argumentwert (also den ersten Argumentwert »hoch« den zweiten Argumentwert). Die folgende Synopse stellt klar, dass beide Parameter vom Typ *float* sind und das Ergebnis ebenfalls vom Typ *float* ist.

**Beispiel: pow.pde**

```
// Franzis Arduino
// Arduino pow(base,exponent)-Funktion

float Erg;

void setup()
{
   Serial.begin(9600);
   Serial.println('Arduino pow(base,exponent) Funktion");
   Serial.println();
}

void loop()
{
   Erg=pow(10,5);
   Serial.print(Erg);
   Serial.println();

   while(1);
}
```

**sq(x)**

Quadratberechnung – hier wird der Datentyp mit sich selbst multipliziert (x*x).

**Beispiel: sq.pde**

```
// Franzis Arduino
// Arduino sq(x)-Funktion

int Erg;

void setup()
{
   Serial.begin(9600);
   Serial.println("Arduino sq(x) Funktion");
   Serial.println();
}

void loop()
{
```

```
   Erg=sq(3);
   Serial.print(Erg);
   Serial.println();

   while(1);
}
```

**Sqrt(x)**

berechnet die Quadratwurzel einer Zahl. Es ist das Gegenstück zu *sq()*.

**Beispiel: sqrt.pde**

```
// Franzis Arduino
// Arduino sqrt(x)-Funktion

int Erg;

void setup()
{
   Serial.begin(9600);
   Serial.println("Arduino sqrt(x) Funktion");
   Serial.println();
}

void loop()
{
   Erg=sqrt(9);
   Serial.print(Erg);
   Serial.println();

   while(1);
}
```

**sin(rad)**

Der Sinus wird berechnet. Der Winkel wird in *Radiant* angegeben.

Der Rückgabewert ist der Sinus des Eingabewerts (-1 bis 1).

**Beispiel: sin.pde**

```
// Franzis Arduino
// Arduino sin(x)-Funktion

float Erg;

void setup()
{
```

```
   Serial.begin(9600);
   Serial.println("Arduino sin(x) Funktion");
   Serial.println();
}

void loop()
{
   Erg=sin(1.0);
   Serial.print(Erg);
   Serial.println();

   while(1);
}
```

**cos(rad)**

Der Cosinus wird berechnet. Der Winkel wird in *Radiant* angegeben.

Der Rückgabewert ist der Sinus des Eingabewerts (-1 bis 1).

**Beispiel: cos.pde**

```
// Franzis Arduino
// Arduino cos(x)-Funktion

float Erg;

void setup()
{
   Serial.begin(9600);
   Serial.println("Arduino cos(x) Funktion");
   Serial.println();
}

void loop()
{
   Erg=cos(1.0);
   Serial.print(Erg);
   Serial.println();

   while(1);
}
```

**tan(rad)**

Der Tangens wird berechnet. Der Winkel wird in *Radiant* angegeben.

**Beispiel: tan.pde**

```
// Franzis Arduino
// Arduino tan(x)-Funktion

float Erg;

void setup()
{
   Serial.begin(9600);
   Serial.println("Arduino tan(x) Funktion");
   Serial.println();
}

void loop()
{
   Erg=tan(1.0);
   Serial.print(Erg);
   Serial.println();

   while(1);
}
```

### serielle Ein-/Ausgabe

Die Kommunikation über die UART ist nützlich und vielseitig. Der Mikrocontroller kann damit Daten zum Computer oder an andere Mikrocontroller schicken und empfangen. Arduino stellt dafür mehrere Befehle bereit. Einige wurden bereits in vorhergehenden Beispielen beschrieben, wie z. B. *Serial.print()* und *Serial.println()*. Der Mikrocontroller besitzt eine eingebaute Hardware-UART-Schnittstelle. Man kann die UART (engl.: Universal Asynchronous Receiver Transmitter) aber auch per Software nachbilden. Dies ist zwar nicht mehr so schnell wie die Hardware-UART, aber immerhin kann man damit gleichzeitig Verbindung zu mehreren Gegenstellen aufnehmen. Grundsätzlich verwendet Arduino die Hardware-UART.

## 9.5 Arduino-Befehle und ihre Verwendung 101

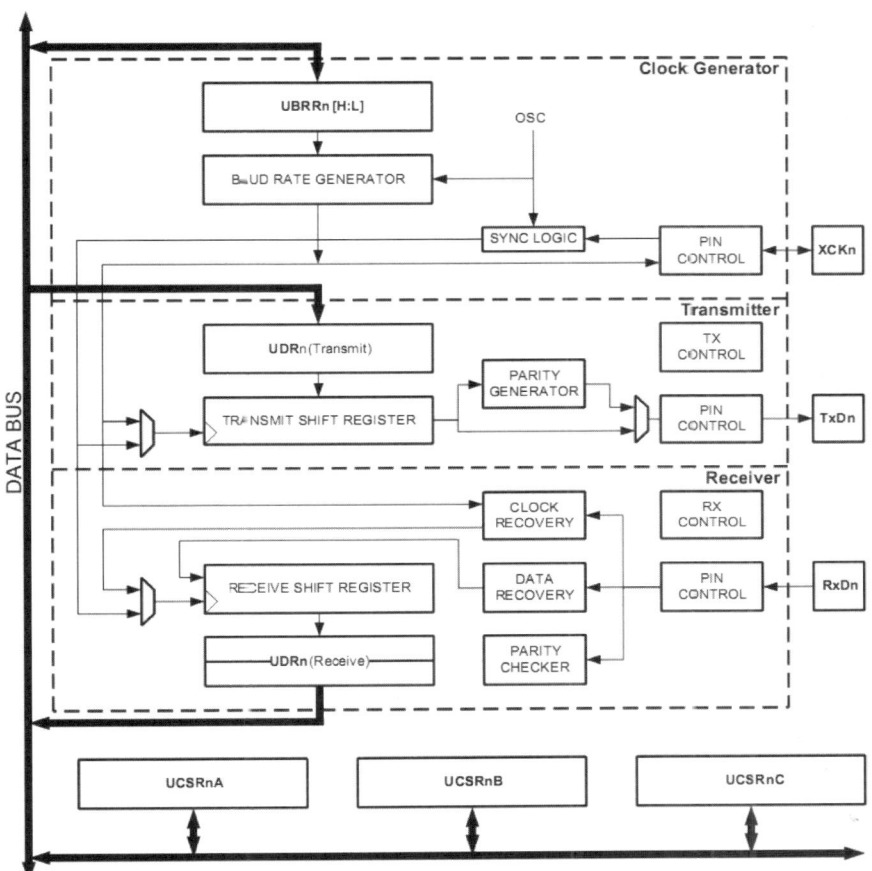

**Bild 9.4:** Die Hardware-UART des Mikrocontrollers (Quelle: ATMEL-Datenblatt)

Der Arduino *Serial.println*-Befehl sendet eine Zeichenfolge (einen sogenannten String) über die UART. An diese Zeichenfolge werden automatisch die unsichtbaren Zeichen *CR* (Carriage Return) und *LF* (Linefeed) angehängt. Diese Kommandos kennzeichnen einen Zeilenumbruch. Möchte man nicht, dass ein Zeilenumbruch stattfindet, muss der Befehl *Serial.print* verwendet werden. Wird in *Serial.print* eine Zahl übergeben, wird diese automatisch in einen Text umgewandelt. Es wird also nicht die Zahl übermittelt, sondern der ASCII-Code dafür. Die Zahl 42 besteht aus den zwei Zeichen 4 und 2. Es werden die zwei ASCII-Codes für die Zeichen 4 und 2 und die ASCII-Codes der beiden unsichtbaren Zeichen *CR* und *LF* übertragen. Wichtig ist, dass Empfänger und Sender immer auf die gleiche Baudrate eingestellt sind.

**Serial.begin(Baudrate)**

Um nun die Schnittstelle verwenden zu können, müssen wir mit der Funktion *Serial.begin()* die Geschwindigkeit der Schnittstelle vorgeben. Baud bezeichnet Bits pro Sekunde. Wenn wir also 9.600 Baud auswählen, hat ein Bit eine Länge von 1/9.600 Baud, was 0,000104 sek, also 104 μsek entspricht. Das ist schon recht flott.

*Serial.begin(Baudrate)* öffnet den seriellen Port und setzt die Baudrate (Datenrate) für die serielle Übertragung fest.

```
Serial.begin( Baudrate )
```

**Es sind folgende Baudraten möglich:**
- 300
- 1.200
- 2.400
- 4.800
- 9.600
- 14.400
- 19.200
- 28.800
- 38.400
- 57.600
- 115.200

Wenn Sie sich eine Arduino-Pro-Platine zulegen oder einen vergleichbaren Typ mit mehreren Hardware-UART-Schnittstellen, könnte eine Konfiguration so aussehen:

```
Serial.begin(9600);
Serial1.begin(38400);
Serial2.begin(19200);
Serial3.begin(4800);
```

Alle weiteren Schnittstellen werden mit einer Nummer versehen. Die erste Schnittstelle ist UART0 und erhält bei der Konfiguration keine zusätzliche Nummer, alle weiteren schon. Wenn Sie Zeichen ausgeben möchten, gilt auch hier *Serialx.print()*. X steht für die UART-Schnittstellennummer.

```
Serial.println("Hallo hier ist UART 0");
Serial1.println("Hallo hier ist UART 1");
Serial2.println("Hallo hier ist UART 2");
Serial3.println("Hallo hier ist UART 3");
```

> **INFO:**
> Wenn eine serielle Kommunikation verwendet wird, können die digitalen Pins 0 (RX) und 1 (TX) nicht zur selben Zeit verwendet werden.

**Serial.end()**

Um die serielle Schnittstelle wieder zu schließen und die Pins anderweitig zu verwenden, kann das mit *Serial.end()* geschehen und die Ports kann man als I/Os verwenden.

```
Serial.end()
```

**Serial.read()**

Die Funktion *Serial.read()* liest ein Byte von der seriellen Schnittstelle ein.

```
int x;
x = Serial.read();
```

**Serial.available()**

*Serial.available()* gibt an, ob ein Zeichen im seriellen Puffer vorhanden ist. Wir können diese Funktion sinnvoll nutzen, um z. B. einen Programmblock zu überspringen, wenn keine Daten im Puffer sind. Warum sollte man Daten auswerten und wertvolle Rechenzeit vergeuden, wenn noch keine Daten da sind oder immer noch den gleichen Wert besitzen wie im letzten Durchlauf? Diese Funktion ist für die Arbeit mit der seriellen Schnittstelle sehr wichtig. Ein kleines Testprogramm zeigt, wie diese Funktion in der Praxis arbeitet.

**Beispiel: Serial_available.pde**

```
// Franzis Arduino
// Arduino Serial.available-Funktion

byte eingabe, ausgabe;

void setup()
{
   Serial.begin(9600);
   Serial.println("Arduino Serial.available Funktion");
   Serial.println(";
}

void loop()
{
   if (Serial.available() > 0)
   {
```

```
            eingabe=Serial.read();
            Serial.print("Ich habe folgendes Zeichen empfangen: ");
            ausgabe=char(eingabe);
            Serial.println(eingabe);
       }
}
```

In diesem Beispiel sieht man auch die Verwendung der Typenkonvertierung. Wenn Sie diese nicht durchführen, wird der dazugehörige ASCII-Code dafür ausgeben. Probieren Sie es einmal wie folgt aus:

```
Serial.println(eingabe,DEC);
```

**Serial.flush()**
Diese Funktion löscht den Inhalt des seriellen Puffers. Man setzt sie ein, um nach der Zuweisung der seriellen Daten den Puffer sicher zu löschen. Ist ein Fehler in der Kommunikation aufgetreten und sind die Daten nicht gültig, löscht man diese aus dem Puffer.

**Serial.print()**
*Serial.print()* schreibt Daten aus dem seriellen Sendepuffer. Es sind *Integer*, *Byte*, *Char* und *Floats* zulässig.

**Serial.print(x) ohne Formatangabe schreibt die Dezimalnummer aus dem UART-Puffer.**
```
int b = 79;
Serial.print(b);
```
Schreibt den ASCII-String »79« aus dem UART-Puffer.

**Serial.print(b, DEC) mit der Formatangabe DEC schreibt die Zahl als ASCII-String aus dem UART-Puffer.**
```
int b = 79;
Serial.print(b, DEC);
```
Schreibt den ASCII-String »79« aus dem UART-Puffer.

**Serial.print(b, HEX) mit der Formatangabe HEX schreibt die Zahl als ASCII-String im Hexadezimalformat aus dem UART-Puffer.**
```
int b = 79;
Serial.print(b, HEX);
```
Schreibt den ASCII-String »4F« aus dem UART-Puffer.

**Serial.print(b, OCT)** mit der Formatangabe OCT schreibt die Zahl als ASCII-String im Oktalformat aus dem UART-Puffer.
```
int b = 79;
Serial.print(b, OCT);
```
Schreibt den ASCII-String »117« aus dem UART-Puffer.

**Serial.print(b, BIN)** mit der Formatangabe BIN schreibt die Zahl als ASCII-String im Binärformat aus dem UART-Puffer.
```
int b = 79;
Serial.print(b, BIN);
```
Schreibt den ASCII-String »1001111« aus dem UART-Puffer.

**Serial.print(b, BYTE)** mit der Formatangabe Byte schreibt die Zahl als einzelnes Byte aus dem UART-Puffer.
```
int b = 79;
Serial.print(b, BYTE);
```
Schreibt das ASCII-Zeichen »O« aus dem UART-Puffer.

**Beispiel: Print.pde**
```
// Franzis Arduino
// Arduino Serial.print-Funktion

int x;

void setup()
{
   Serial.begin(9600);
   Serial.println("Arduino Serial.print Funktion");
   Serial.println();
}

void loop()
{

   Serial.print("NO FORMAT");
   Serial.print("\t");                   // Print Tab

   Serial.print("DEC");
   Serial.print("\t");                   // Decimal

   Serial.print("HEX");
   Serial.print("\t");                   // Hexadezimal
```

```
Serial.print("OCT");                    // Oktal
Serial.print("\t");

Serial.print("BIN");                    // Binär
Serial.print("\t");

Serial.println("BYTE");                 // Byte

for(x=0; x< 64; x++)
{
  // Ausgabe in verschiedenen Formaten
  Serial.print(x);
  Serial.print("\t");

  Serial.print(x, DEC);
  Serial.print("\t");

  Serial.print(x, HEX);
  Serial.print("\t");

  Serial.print(x, OCT);
  Serial.print("\t");

  Serial.print(x, BIN);
  Serial.print("\t");

  Serial.println(x, BYTE);
  delay(200);                           // 200 ms Pause
}

Serial.println("");

}
```

**Serial.println()**
schreibt Daten aus dem seriellen Port, gefolgt von einem automatischen Zeilenumbruch als Carrier Return und Linefeed.

### Serial.write()

*Serial.write()* schreibt die Daten binär aus dem seriellen Puffer. Die Daten werden als Byte gesendet.

```
Serial.write(val);
Serial.write(str);
Serial.write(buf, len);
```

**Bedeutung der Parameter:**

**val:** sendet ein einzelnes Byte

**str:** sendet einen String byteweise

**buf:** sendet ein Array byteweise

**len:** Länge des Arrays (Puffer)

**Beispiel: Serial_write.pde**

```
// Franzis Arduino
// Arduino Serial.write-Funktion

byte val = 65;
char str[] = "Test";
byte buf[] = {'H','a','l','l','o'};
byte len = 3;

void setup()
{
   Serial.begin(9600);
   Serial.println("Arduino Serial.write Funktion");
   Serial.println();
}

void loop()
{

  Serial.println("ASCII Zeichen");
  Serial.write(val);
  Serial.println();

  Serial.println("String 1");
  Serial.write(str);
  Serial.println();

  Serial.println("String 2");
  Serial.write(buf, len);
```

## Kapitel 9: Arduino-Programmiergrundlagen

```
    Serial.println();

    while(1);
}
```

Bei *Serial.write(buf,len)* wurde *len* mit 3 angeben. Somit werden auch nur die ersten drei Zeichen ausgeben.

### Wie funktioniert die serielle Übertragung?

Das Paket beginnt mit einem Startbit (low), gefolgt von acht Datenbits. Direkt nach den Datenbits folgt ein *Parity Bit* (High) und zum Schluss das *Stoppbit*.

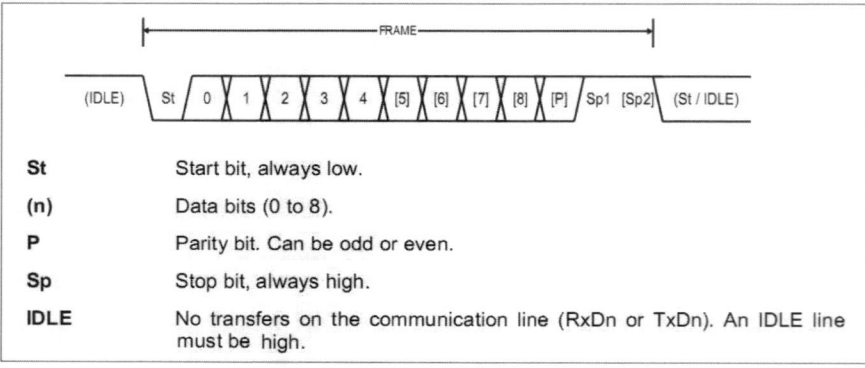

| | |
|---|---|
| St | Start bit, always low. |
| (n) | Data bits (0 to 8). |
| P | Parity bit. Can be odd or even. |
| Sp | Stop bit, always high. |
| IDLE | No transfers on the communication line (RxDn or TxDn). An IDLE line must be high. |

**Bild 9.5:** So sieht die Übertragung per UART aus.

### Zeichenketten über die serielle Schnittstelle einlesen

Bislang ist bekannt, wie Zeichen und Zeichenketten (Strings) ausgegeben und einzelne Zeichen empfangen werden können. Für eine Interaktion und eine richtige Eingabe von Wörtern reicht dies noch nicht aus. Dazu muss man mit den vorhandenen Funktionen ein kleines Programm schreiben, das ganze Wörter oder Sätze empfangen kann.

**Beispiel: Serial_read.pde**
```
// Franzis Arduino
// Arduino Serial Read

#define INLENGTH 20
#define INTERMINATOR 13

char inString[INLENGTH+1];
```

```
int inCount;

void setup()
{
   Serial.begin(9600);
   Serial.println("Arduino Serial read");
   Serial.println();
   Serial.println("Geben Sie einen Text mit max. 20 Zeichen ein: ");
}

void loop()
{
    inCount = 0;

    do
    {
      while (Serial.available()==0);
      inString[inCount] = Serial.read();
      if(inString[inCount]==INTERMINATOR) break;
    }while(++inCount < INLENGTH);

    inString[inCount] = 0;
    Serial.print(inString);
}
```

Das Programm wartet, bis Zeichen im Puffer sind, und liest diese in das *inString*-Array ein. Sind mehr als 20 Zeichen oder ein CR empfangen worden, wird das Array am Terminal ausgegeben. Das Arduino-Terminal ist dazu nicht geeignet, da es kein CR am Ende der Übertragung sendet. Sie finden ein *VB.NET*-Terminal auf der CD-ROM unter *Software\Terminal*, das das benötigte Steuerzeichen (CR+LF) sendet.

**110** Kapitel 9: Arduino-Programmiergrundlagen

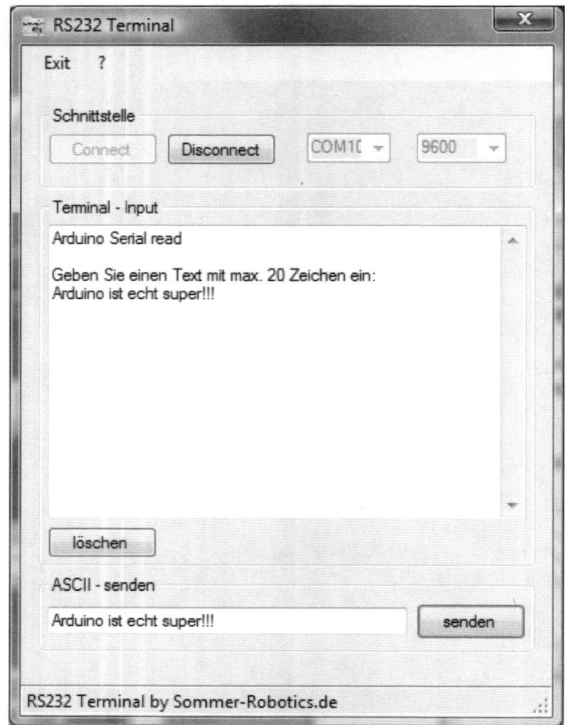

**Bild 9.6:** VB.NET-Terminalprogramm

### Serielle Ausgabe mit Berechnung

Ein praktisches Beispiel für die serielle Schnittstelle ist das folgende kleine Programm, das Grad Celsius in Grad Fahrenheit und umgekehrt umrechnet. Das Beispiel vermittelt auch den Einsatz von Unterroutinen.

### Beispiel: GradFahrenheit.pde

```
// Franzis Arduino
// Arduino Grad zu Fahrenheit

float Grad = 25.5;
float Fahrenheit = 88.2;

void setup()
{
   Serial.begin(9600);
   Serial.println("Arduino Grad zu Fahrenheit Umrechner");
   Serial.println();
}
```

```
void loop()
{
 Serial.print(Grad);

 Serial.print(" Grad sind ");

 Serial.print(Grad_to_Fahrenheit(Grad));

 Serial.println(" Fahrenheit");
 Serial.println();

 Serial.print(Fahrenheit);
 Serial.print(" Fahrenheit sind ");
 Serial.print(Fahrenheit_to_Grad(Fahrenheit));
 Serial.println(" Grad");
 Serial.println();
 while(1);
}

float Grad_to_Fahrenheit(float grad)
{
  float erg;
  erg = grad * 9 ; erg = erg / 5 ; erg = erg + 32;
  return erg;
}

float Fahrenheit_to_Grad(float fahrenheit)
{
  float erg;
  erg = fahrenheit - 32 ; erg = erg * 5 ; erg = erg / 9;
  return erg;
}
```

**Software UART**

Wenn man mehrere serielle Geräte mit einer UART-Schnittstelle an einem Mikrocontroller mit nur einer Hardware-UART betreiben möchte, bietet Arduino die Möglichkeit an, eine UART-Schnittstelle über Software nachzubilden. Bei der Software UART werden Pin 2 und 3 verwendet. Die Daten werden dann in einen 64 Byte großen Ringbuffer eingelesen. Nachteil der Software UART ist, dass sie einiges an Systemressourcen benötigt.

Welche Einschränkungen die Software UART mit sich bringt, wird hier kurz aufgeführt:

- Übertragungsrate max. 9.600 Baud
- *Serial.available()* gibt es nicht
- *Serial.read()* wartet so lange, bis Daten im Puffer sind
- *Serial.read()* muss in einer Schleife ausgeführt werden, wenn die Funktion nicht aufgerufen wird; kommen Daten herein, gehen sie verloren.

**Die Software UART Library von Arduino bietet folgende Funktionalitäten an:**
- SoftwareSerial()
- begin()
- read()
- print()
- println()

So könnte die Konfiguration für die serielle UART aussehen:

**Beispiel: Soft:UART.pde**
```
// Franzis Arduino
// Arduino Software UART

// Hier wird die Software-UART-Library eingefügt
#include <SoftwareSerial.h>

#define rxPin 2
#define txPin 3
#define ledPin 13

// Die Software UART wird konfiguriert
SoftwareSerial mySerial = SoftwareSerial(rxPin, txPin);
byte pinState = 0;

void setup()
{
  // Konfiguration der Pins
  pinMode(rxPin, INPUT);
  pinMode(txPin, OUTPUT);
  pinMode(ledPin, OUTPUT);

  // Einstellen der seriellen Baudrate
```

```
  mySerial.begin(9600);
}

void loop()
{
  // Jetzt hören wir, ob was kommt
  char someChar = mySerial.read();

  // Ausgabe des empfangenen Zeichens
  mySerial.print(someChar);

  // Die LED wird getoggelt
  toggle(13);

}

void toggle(int pinNum)
{
  digitalWrite(pinNum, pinState);
  pinState = !pinState;
}
```

**Input-/Output-Konfiguration und Port setzen**

Damit Arduino weiß, welchen Pin wir als Ein- oder Ausgang benutzen möchten, müssen wir dies dem Programm am Anfang des Codes in der Routine *void setup()* mitteilen. Wie das Ganze auszusehen hat, zeigen uns die folgenden Beispiele. Wird diese Konfiguration nicht vorgenommen, sind alle Pins des Mikrocontrollers nach dem Einschalten *Eingang* hochohmig (oder in Fachkreisen auch *High-Z* genannt).

**pinMode(pin,mode)**

wird in der Routine *void setup()* benutzt, um einen speziellen Pin entweder als Eingang oder Ausgang zu konfigurieren.

```
pinMode(pin, OUTPUT);      // setzt Pin als Ausgang
```

Es gibt im ATmega-Chip auch komfortable 20-k$\Omega$-Pull-up-Widerstände, die per Software zugänglich sind. Auf diese eingebauten Pull-up-Widerstände kann man auf folgende Weise zugreifen:

```
pinMode(pin, INPUT);       // setzt Pin als Eingang
digitalWrite(pin, HIGH);   // schaltet den Pull-up-Widerstand ein
```

Pull-up-Widerstände werden normalerweise verwendet, um Eingänge wie Schalter anzuschließen. In dem vorgestellten Beispiel fällt auf, dass der Pin nicht als Ausgang definiert wird, obwohl auf ihn geschrieben wird. Es ist lediglich die Methode, den internen Pull-up-Widerstand zu aktivieren. Als Ausgang konfigurierte Pins sind in einem Zustand geringer Impedanz und können mit maximal 40 mA Strom von angeschlossenen Elementen und Schaltkreisen belastet werden. Dies ist genug, um eine LED aufleuchten zu lassen (seriellen Widerstand nicht vergessen!), aber nicht genug, um die meisten Relais, Magnetspulen oder Motoren zu betreiben. Kurzschlüsse an den Arduino-Pins wie auch zu hohe Stromstärken können den Output-Pin oder gar den ganzen Mikrocontroller zerstören. Aus diesem Grund ist es eine gute Idee, einen Ausgangspin mit externen Komponenten in Serie mit einem 470-Ω- oder 1-KΩ-Widerstand zu schalten.

**digitalRead(pin)**

*digitalRead()* liest den Wert von einem festgelegten digitalen Pin aus, mit dem Resultat *HIGH* oder *LOW,* was 1 oder 0 entspricht. Der Pin kann entweder als Variable oder als Konstante festgelegt werden (0-13).

```
value = digitalRead(Pin);    // setzt value gleich mit dem
                             // Eingangspin
```

**digitalWrite(pin,value)**

gibt entweder den Logiklevel *HIGH* oder LOW an einem festgelegten Pin aus. Der Pin kann als Variable oder Konstante festgelegt werden (0-13).

```
digitalWrite(pin, HIGH);    // setzt Pin auf high (ein +5 V)
```

Das folgende Beispiel liest den Tasterzustand an einem digitalen Eingang *pin 12* aus und gibt ihn an die LED weiter. Nach dem Übertragen leuchtet die LED sofort auf. Grund dafür ist, dass wir den internen Pull-up-Widerstand aktiviert haben und somit unser Eingangspin 12 *HIGH* ist. Drücken wir nun den Taster, der den Pin gegen GND (Ground) zieht, geht die LED aus, da der Eingang jetzt *LOW* sieht.

## 9.5 Arduino-Befehle und ihre Verwendung

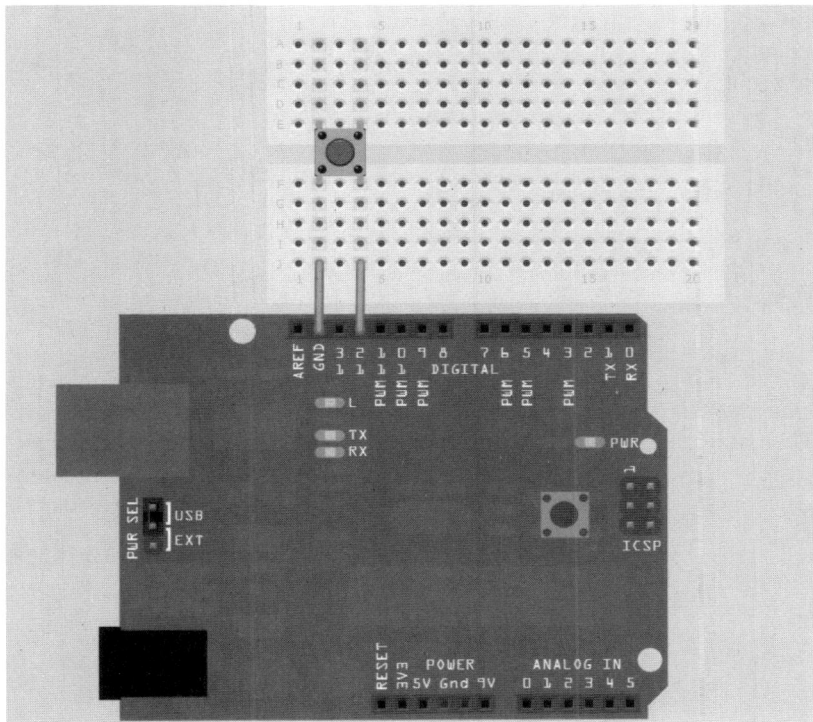

**Bild 9.7:** Aufbau der Versuchsschaltung

**Benötigte Bauteile:**

1x Arduino/Freeduino-Mikrocontrollerboard

1x Steckbrett

1x Taster

2x Schaltlitze ca. 5 cm Länge

**Beispiel: IO.pde**

```
// Franzis Arduino
// Taster über IO-Pin einlesen

int led=13;
int pin=12;
int value=0;

void setup()
{
```

```
  pinMode(led,OUTPUT);
  pinMode(pin,INPUT);
  digitalWrite(pin, HIGH);
}

void loop()
{
  value=digitalRead(pin);
  digitalWrite(led,value);
}
```

**INFO:**
Ein Pin des ATmegas kann mit bis zu 40 mA belastet werden. Allerdings darf die Gesamtbelastung des Mikrocontrollers (je nach Gehäusetyp) nicht über 200 mA steigen. Es gibt auch noch Unterschiede zwischen den einzelnen Anschlüssen. Wer es genau wissen will, sollte immer erst im Datenblatt nachsehen.

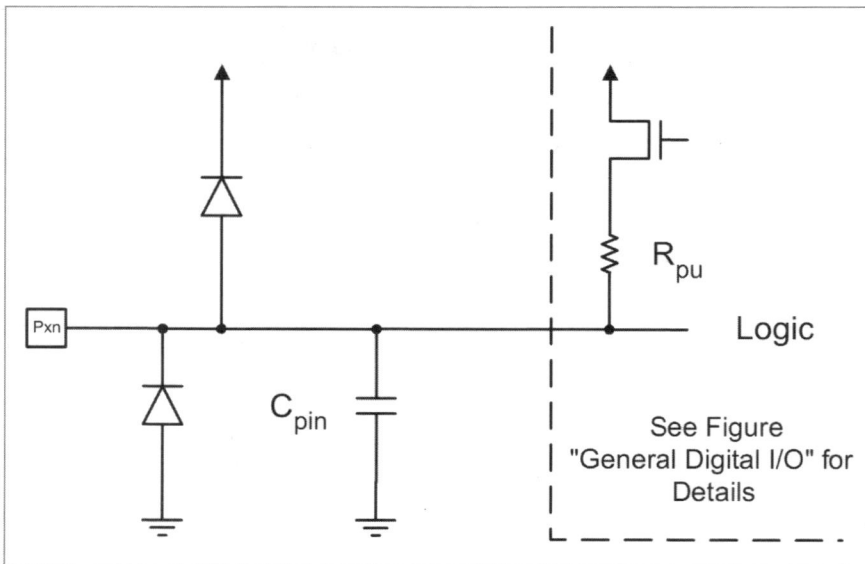

**Bild 9.8:** Der interne Aufbau eines I/O-Ports (Quelle: ATMEL-Datenblatt)

Im inneren Aufbau eines I/O-Ports kann man deutlich die Schutzdioden und den FET für den Pull-up-Widerstand erkennen. Die Dioden schützen den Pin gegen statische Entladungen.

## Taster mit Pull-down-Widerstand

Im letzten Beispiel wurde der Taster über den internen Pull-up-Widerstand betrieben. Dabei wurde er gegen GND geschaltet. Das folgende Beispiel zeigt, wie man Taster über VCC (+5 V) abfragen kann. Da man hier keinen Pull-up-Widerstand einschaltet, muss man einen externen Pull-down-Widerstand vorsehen, damit der Pin keinen undefinierten Zustand aufweist.

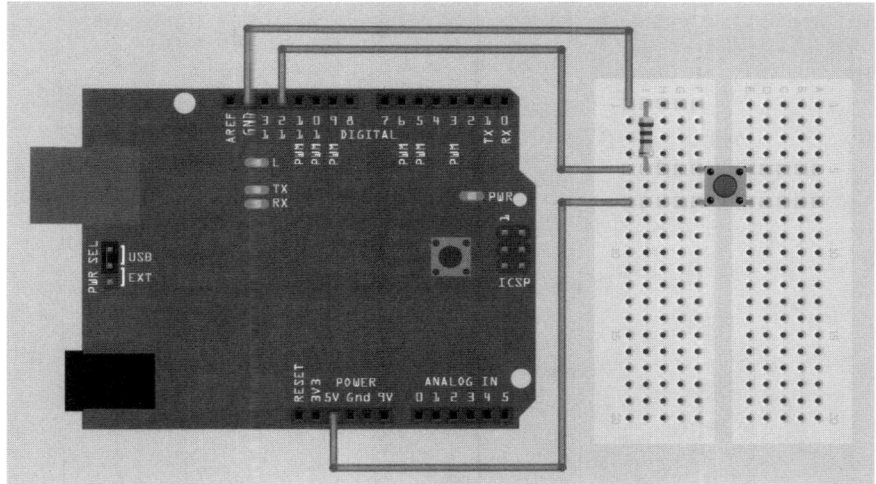

**Bild 9.9:** Aufbau der Versuchsschaltung

**Benötigte Bauteile:**

1x Arduino/Freeduino-Mikrocontrollerboard

1x Steckbrett

1x Taster

1x 10-kΩ-Widerstand

3x Schaltlitze ca. 10 cm Länge

**Beispiel: Pulldown.pde**
```
// Franzis Arduino
// Taster mit Pull-down

int led=13;
int pin=12;
int value=0;
```

```
void setup()
{
  pinMode(led,OUTPUT);
  pinMode(pin,INPUT);
}

void loop()
{
  value=digitalRead(pin);
  digitalWrite(led,value);
}
```

**Taster mit externem Pull-up-Widerstand**

Dieses Beispiel zeigt, wie man Arduino beschalten muss, um einen externen Pull-up-Widerstand zu verwenden.

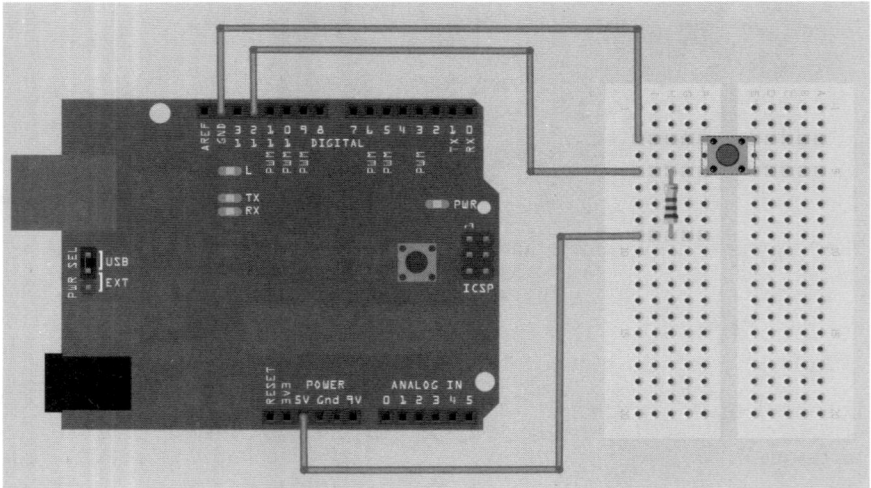

**Bild 9.10:** Aufbau der Versuchsschaltung

**Benötigte Bauteile:**

1x Arduino/Freeduino-Mikrocontrollerboard

1x Steckbrett

1x Taster

1x 10-kΩ-Widerstand

3x Schaltlitze ca. 10 cm Länge

In dieser Schaltung liegt der Widerstand nicht gegen GND, sondern gegen VCC (+5 V).

Die LED leuchtet also nach dem Einschalten und erlischt mit Drücken des Tasters.

**Beispiel: Ext_Pullup.pde**

```
// Franzis Arduino
// Taster mit externem Pull-up

int led=13;
int pin=12;
int value=0;

void setup()
{
  pinMode(led,OUTPUT);
  pinMode(pin,INPUT);
}

void loop()
{
  value=digitalRead(pin);
  digitalWrite(led,value);
}
```

**Analoge Eingabe »ADC«**

Damit man analoge Spannungen (Größen) messen kann, besitzt das Arduino-Mikrocontrollerboard einen internen Analog-digital-Wandler (engl.: ADC = Analog digital Converter). Der im ATmega verwendete besitzt eine Auflösung von 10 Bit. D. h., ein Wandlungsschritt (Step) hat einen analogen Spannungswert von 0,0048 V bei einer Referenzspannung von 5 V. Das Mikrocontrollerboard besitzt zwar sechs analoge Eingänge, aber intern nur einen einzigen AD-Converter. Die Kanäle (engl.: Channels) werden also umgeschaltet. Das nennt man auch *gemultiplext*.

Die Auflösung kann man mit dieser einfachen Formel leicht selbst ausrechnen:

Ustep = Uref / Auflösung

Ustep = 5 V / 1.024    (0 bis 1.023 = 1.024 Steps)

Ustep = 0,0048 V

Wenn man den digital angezeigten Wert wissen möchte, kann man das wie folgt berechnen:

$$\text{Anzeigewert (Raw)} = \frac{1.024 \times \text{anliegende Spannung (ADC)}}{U_{ref}}$$

Die Genauigkeit schwankt zwischen +/−2 Messschritten (Steps). Bei 5 V Referenzspannung beträgt die Genauigkeit also +/−0,0097 V. Man kann somit sagen, dass der ADC bei 5 V Referenzspannung eine angelegte Spannung auf zwei Kommastellen genau misst. Voraussetzung ist natürlich eine stabile Referenzspannung.

**analogRead(pin)**
liest den Wert eines festgelegten analogen Pins mit einer 10-Bit-Auflösung aus. Diese Funktion ist nur für Pins (0-5) verfügbar. Die resultierenden Integer-Werte liegen im Bereich von 0 bis 1.023.

```
value = analogRead(pin);    // setzt value gleich mit Pin
```

**INFO:**
Analoge Pins müssen im Gegensatz zu digitalen nicht zuerst als Ein- oder Ausgang deklariert werden.

Als Abschluss folgt noch ein kleines Programm zur Spannungsmessung am ADC-Eingang 0 bzw. *ANALOG IN 0*.

## 9.5 Arduino-Befehle und ihre Verwendung

**Bild 9.11:** Aufbau der Versuchsschaltung

**Benötigte Bauteile:**
1x Arduino/Freeduino-Mikrocontrollerboard

1x Steckbrett

1x 10-kΩ-Trimmwiderstand

3x Schaltlitze ca. 10 cm Länge

**Beispiel: ADC.pde**
```
// Franzis Arduino
// ADC

int ADC0=0;
int value;
int LEDpin=13;

void setup()
{
  Serial.begin(9600);
}

void loop()
{
  value=analogRead(ADC0);
```

```
Serial.print("ADC0 = ");
Serial.println(value);
delay(1000);
}
```

Wenn Sie nun am Potenziometer drehen, werden Sie sehen, wie sich der Wert ändert. In der Ausgabe wird, je nach Potenziometerstellung, ein Wert von 0 bis 1.023 angezeigt. Es kann sein, dass Sie den Wert von 1.023 nicht ganz erreichen. Manche Potenziometer besitzen auch bei Vollanschlag noch einen kleinen Restwiderstand und somit fällt immer noch eine kleine Spannung daran ab.

**Beispiel: ADC_Blinker.pde**

```
// Franzis Arduino
// LED-Blinkfrequenz über ADC einstellen
int ADC0=0;
int value;
int LEDpin=13;

void setup()
{
  pinMode(LEDpin,OUTPUT);
}

void loop()
{
  value=analogRead(ADC0);
  digitalWrite(LEDpin, HIGH);
  delay(value);
  digitalWrite(LEDpin, LOW);
  delay(value);
}
```

Dieses Beispiel kann man auch im bereits vorhandenen Schaltungsaufbau testen. Jetzt kann man die Blinkfrequenz der LED einstellen. *Delay* wird in Millisekunden angegeben.

### Analoge Ausgabe *PWM*

Es stehen beim Arduino-Board sechs PWM-Ausgänge zur Verfügung: Pin 3, 5, 6, 9, 10 und 11, bei den älteren ATmega8-Controllern nur die Pins 9, 10 und 11. Diese können zur DA-Umsetzung, zur Ansteuerung von Servomotoren oder zur Ausgabe von Tonfrequenzen benutzt werden. Bei der Puls-Weiten-Modulation (engl.: Pulse Width Modulation) wird ein digitales Ausgangssignal erzeugt, dessen Tastverhältnis moduliert wird. Das Tastverhältnis gibt das Verhältnis der Länge des eingeschalteten Zustands zur Periodendauer an. Dabei bleiben die Frequenz und der Pegel des Signals immer gleich. Es ändert sich nur die Länge von *High* zu *Low*.

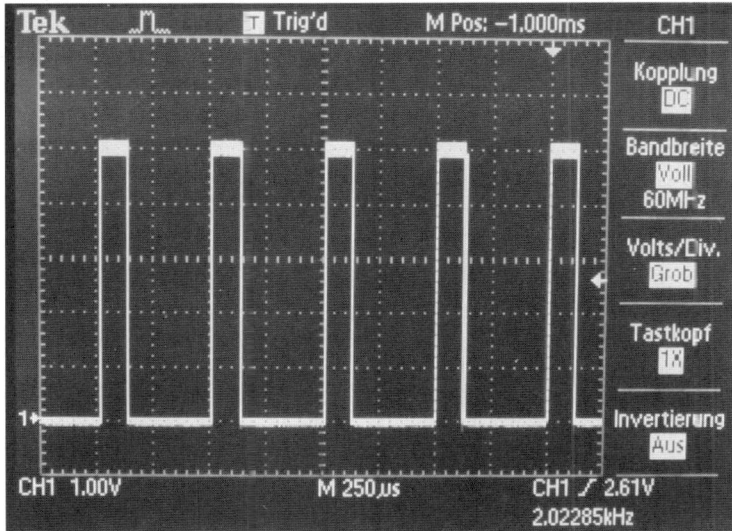

**Bild 9.12:** Die Abbildung zeigt ein Tastverhältnis der PWM von 25 %

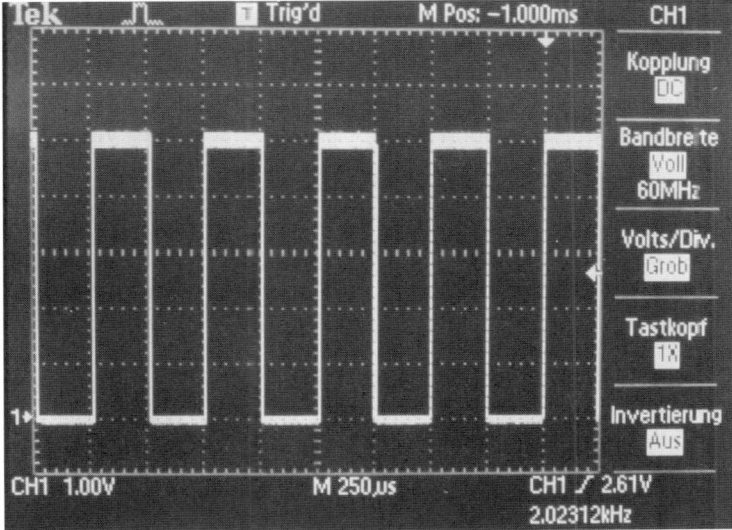

**Bild 9.13:** Die Abbildung zeigt ein Tastverhältnis der PWM von 50 %

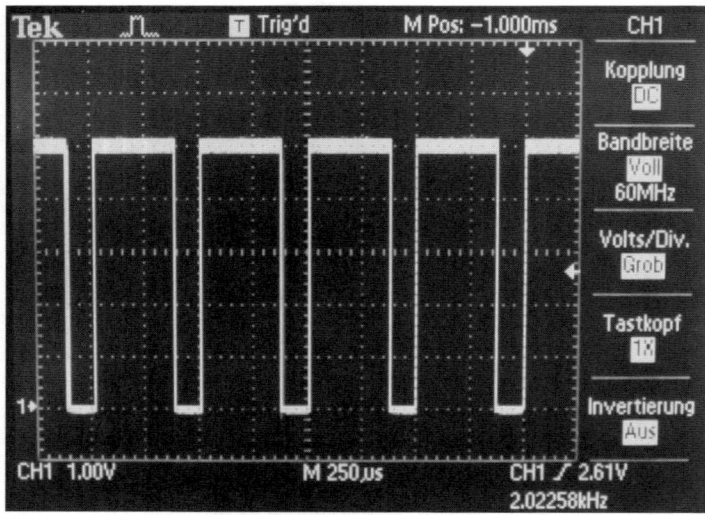

**Bild 9.14:** Die Abbildung zeigt ein Tastverhältnis der PWM von 75 %

**analogWrite(pin, value)**
Dieser Befehl schreibt pseudo-analoge Werte mittels einer hardwarebasierten Pulsweitenmodulation (PWM) an einen Ausgangspin. Der Wert kann als Variable oder Konstante im Bereich von 0-255 festgelegt werden.

```
analogWrite(pin, value);    // schreibt value auf den analogen
                            // Pin
```

Ein Wert 0 generiert eine gleichmäßige Spannung von 0 V an einem festgelegten Analog-Pin. Ein Wert von 255 generiert eine gleichmäßige Spannung von 5 V an einem festgelegten Analog-Pin. Für Werte zwischen 0 und 255 wechselt der Pin sehr schnell zwischen 0 und 5 V, je höher der Wert, desto länger ist der Pin *HIGH* (5 V). Bei einem Wert von 64 ist der Pin zu Dreiviertel der Zeit auf 0 V und zu einem Viertel auf 5 V. Ein Wert von 128 führt dazu, dass die Ausgangsspannung zur Hälfte der Zeit auf *HIGH* steht und zur anderen Hälfte auf *LOW*. Bei 192 misst die Spannung am Pin zu einem Viertel der Zeit 0 V und zu Dreiviertel die vollen 5 V. Weil dies eine hardwarebasierte Funktion ist, läuft die konstante Welle unabhängig vom Programm bis zur nächsten Änderung des Zustands per *analogWrite* (oder einem Aufruf von *digitalRead* oder *digitalWrite* am selben Pin).

**INFO:**
Analoge Pins müssen, im Gegensatz zu digitalen, nicht zuvor als Ein- oder Ausgang deklariert werden.

## 9.5 Arduino-Befehle und ihre Verwendung 125

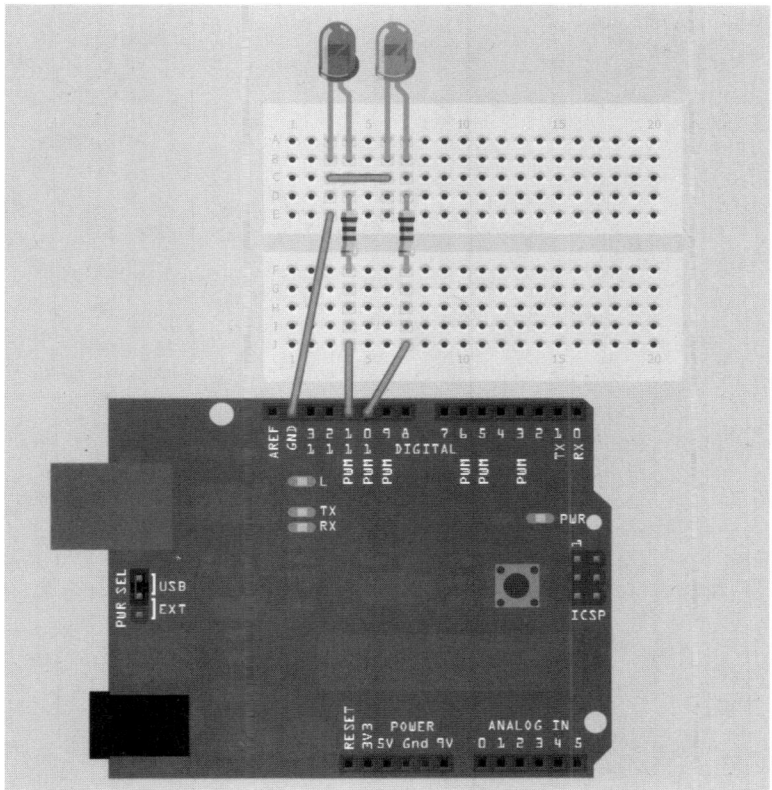

**Bild 9.15:** Abbildung des Versuchsaufbaus

Das Beispiel lässt die LEDs sehr oft blinken. Die PWM stellt hier die Helligkeit ein.

**Benötigte Bauteile:**

1x Arduino/Freeduino-Mikrocontrollerboard

1x Steckbrett

1x Schaltlitze ca. 10 cm Länge

2x Schaltlitze ca. 5 cm Länge

1x Schaltlitze ca. 1 cm Länge

2x 1,5-k$\Omega$-Widerstand

1x LED rot

1x LED grün

**Beispiel: AnalogWrite.pde**

```
// Franzis Arduino
// Analog Write

int value;
int LEDgruen=10;
int LEDrot=11;

void setup()
{
  // Diesmal kommt hier nichts herein
}

void loop()
{

 for(value=0;value<255;value++)
 {
    analogWrite(LEDgruen, value);
    analogWrite(LEDrot, 255-value);
    delay(5);
 }

 delay(1000);

 for(value=255;value!=0;value--)
 {
    analogWrite(LEDgruen, value);
    analogWrite(LEDrot, 255-value);
    delay(5);
 }

 delay(1000);

}
```

Wenn Sie an den Analogausgang nun den kleinen Piezo-Schallwandler anschließen, können Sie die Pulse hörbar machen. Der Buzzer ist jedoch nicht sonderlich laut.

## 9.5 Arduino-Befehle und ihre Verwendung 127

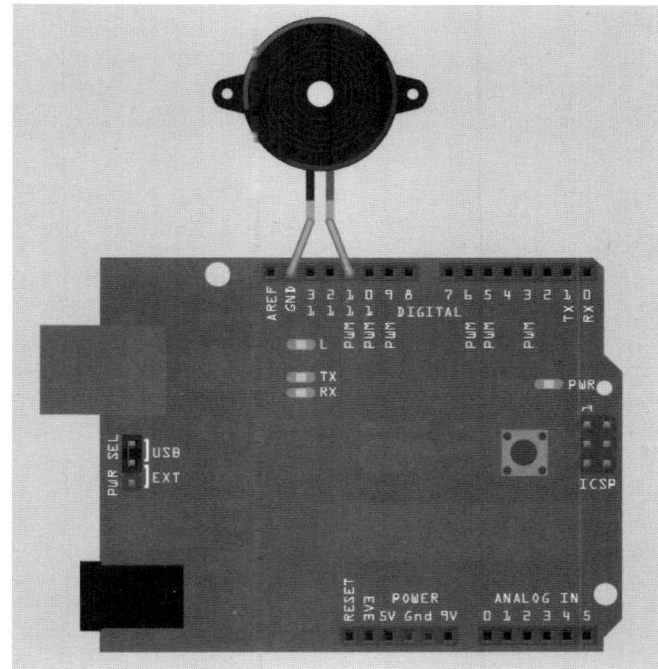

Bild 9.16: Versuchsaufbau, um die PWM hörbar zu machen

### Mach mal Pause mit delay

In den vorhergehenden Beispielen haben wir bereits mehrmals eine kleine Pause mittels *delay()* eingebaut.

**delay(ms)**

pausiert ein Programm für die Dauer der Zeit, angegeben in Millisekunden, wobei 1000 = 1 Sekunde entspricht.

```
delay(1000);      // wartet für eine Sekunde
```

**micros()**

pausiert ein Programm für die Dauer der Zeit angegeben in Mikrosekunden, wobei 1000 = 1 Millisekunde entspricht.

```
micros (1000);    // wartet für eine Millisekunde
```

## Zufallszahlen-Funktionen

Beim Schreiben von Mess-, Steuer-, Regel- oder Spielprogrammen ist es oft von Nutzen, Zufallszahlen zu verwenden, z. B. wenn in einem Haus zu unterschiedlichsten Zeiten die Lichter an- und ausgehen sollen. Für diesen Zweck setzt man die *random*-Funktionen einen.

### randomSeed(seed)

setzt einen Wert oder *Seed* als Ausgangspunkt für die *random()*-Funktion.

```
randomSeed(value);   // setzt value als den Zufalls-Seed
```

Mit *randomSeed()* kann eine Variable als *seed* verwendet werden, um bessere Zufallsergebnisse zu erhalten. Als *seed*-Variable oder auch -Funktion können so z. B. *millis()* oder *analogRead()* eingesetzt werden, um elektrisches Rauschen durch den Analog-Pin als Ausgang für Zufallswerte zu nutzen.

### random(min, max)

Die *random*-Funktion erlaubt die Erzeugung der pseudo-zufälligen Werte innerhalb eines definierten Bereichs von Minimum- und Maximumwerten.

```
value = random(100, 200);    // setzt value mit einer Zufallszahl
                             // zwischen 100 und 200 gleich
```

> **INFO:**
> Benutzen Sie *random(min,max)* nach der *randomSeed()* Funktion.

**Beispiel: Zufallszahlen.pde**

```
// Franzis Arduino
// Zufallszahlen

int x,y=0;

void setup()
{
  randomSeed(100);
  Serial.begin(9600);
  Serial.println("Arduino Zufallszahlen");
  Serial.println();
}

void loop()
{
```

```
  for(x=0;x<20;x++)
  {
    y=random(0, 10);
    Serial.print(y);
    Serial.print(",");
  }
  Serial.println();

  for(x=0;x<20;x++)
  {
    y=random(10,100);
    Serial.print(y);
    Serial.print(",");
  }
  Serial.println();

  for(x=0;x<20;x++)
  {
    y=random(0,x+1);
    Serial.print(y);
    Serial.print(",");
  }
  Serial.println();

  while(1);
}
```

**Beispiel Zahlenverteilung:**

```
0,9,5,5,9,3,2,1,1,9,4,3,9,9,5,6,1,0,4,8
83,24,24,99,92,36,97,35,13,10,43,98,88,52,89,86,29,35,37,58
0,0,1,3,0,1,1,4,6,9,7,3,1,3,5,8,9,9,17,18
```

Sie haben andere Zahlen? Kein Wunder! Die Zahlen sollen schließlich zufällig sein. Lassen Sie das Programm ein paar Mal laufen und vergewissern Sie sich, dass stets andere Zahlen ausgedruckt werden. Die Zahlen werden immer zwischen *min* und *max* liegen.

**Beispiel: Wuerfelspiel.pde**

```
// Franzis Arduino
// Würfelspiel

int i,zahl=0;
int Anz=6;   // Gibt die Anzahl der Würfe vor
```

```
void setup()
{
  Serial.begin(9600);
  Serial.flush();
  randomSeed(6);
}

void loop()
{
  Serial.println("Senden Sie ein Zeichen, um zu wuerfeln");

  do
  {
  }while(Serial.available()==0);
  Serial.flush();

  Serial.print("Sie haben folgende Zahlen gewuerfelt: ");

  for(i=0;i<Anz;i++)
  {
    zahl=random(6);
    zahl++;
    Serial.print(zahl);
    Serial.print(" ");
  }

  Serial.println();
}
```

### Wie viel Zeit ist vergangen?

Um zu bestimmen, wie viel Zeit seit dem Start des Programms oder dem Ausführen eines Unterprogramms vergangen ist, bietet Arduino spezielle Funktionen an. Damit können wir unter anderem auch Warteschleifen erstellen die nicht wie die *delay()*-Funktion das ganze Programm anhalten und warten, bis die Zeit verstrichen ist. Die Zeit kann in Milli- oder Mikrosekunden bestimmt werden.

**millis()**

gibt die vergangene Zeit seit dem letzten Aufruf der Funktion in Millisekunden zurück.

Die *unsigned-long*-Variable läuft nach ca. 50 Tagen über und beginnt wieder bei 0.

```
value = millis();      // gibt die Zeit in Millisekunden zurück
```

## 9.5 Arduino-Befehle und ihre Verwendung

**Beispiel: millis.pde**

```
// Franzis Arduino
// Zeitmessung 1

unsigned long value;

void setup()
{
  Serial.begin(9600);
  Serial.println("Arduino Zeitmessung 1");
  Serial.println();
}

void loop()
{
  Serial.print("Zeit: ");
  value=millis();
  Serial.println(value);
  delay(1000);
}
```

**micros()**
gibt die vergangene Zeit seit dem Programmstart in Mikrosekunden zurück. Diese läuft nach ca. 70 Minuten bei 16-MHz-Boards über und beginnt wieder bei Null.

```
value = micros();       // gibt die Zeit in Mikrosekunden zurück
```

**Beispiel: micro.pde**

```
// Franzis Arduino
// Zeitmessung 1

unsigned long value;

void setup()
{
  Serial.begin(9600);
}

void loop()
{
  Serial.print("Zeit: ");
  value=micros();
  Serial.println(value);
  delay(1000);
}
```

**INFO:**
1.000 Millisekunden entsprechen 1.000.000 Mikrosekunden.

# 10 Weitere Experimente mit Arduino

Da Sie nun den Grundlagenkurs durchgearbeitet haben und sich mit der Programmierung von Arduino vertraut gemacht haben, können Sie mit weiteren Experimenten starten. Die folgenden Experimente stützen sich auf den Grundkurs und bringen neue Funktionen und Programmiermöglichkeiten mit ein.

## 10.1 Der Transistor-LED-Dimmer

Im Grundkurs haben Sie die analoge Ausgabe (PWM) von Arduino bereits kennengelernt und können nun einen kleinen Dimmer für eine LED bauen. Verwenden Sie im folgenden Versuch eine rote Standard-LED am Analogausgang Pin 3. Sollten Sie einmal hellere LEDs wie Luxeon verwenden, müssen Sie einen Transistor als Verstärker dazuschalten. Über die Taster *S1* (heller) und *S2* (dunkler) können Sie die Helligkeit der LED einstellen. Der Transistor entlastet den Digitalport, da die Last nun über den Transistor läuft.

**134**  Kapitel 10: Weitere Experimente mit Arduino

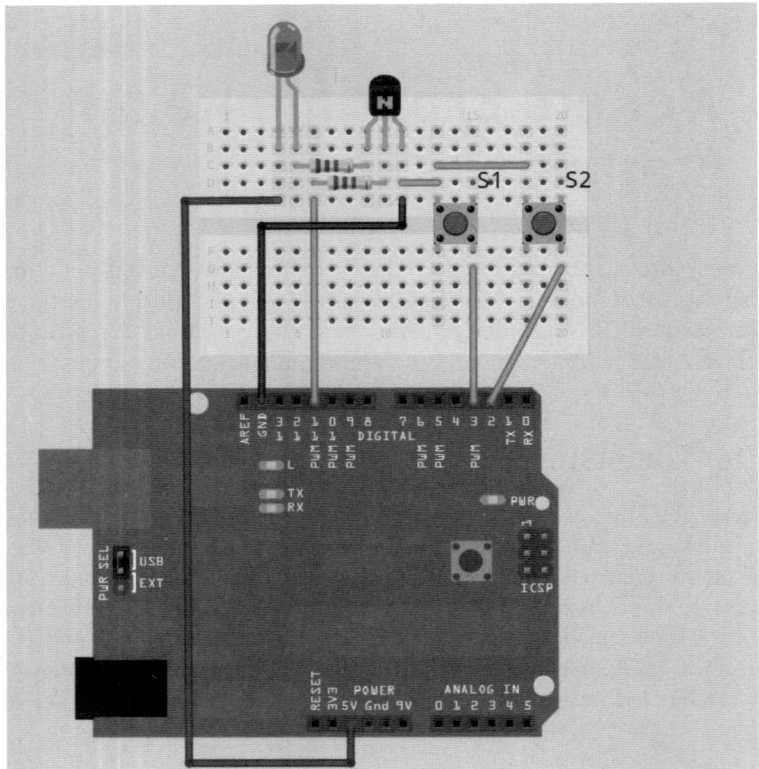

**Bild 10.1:** Schematischer Aufbau des LED-Dimmers mit Transistor

**Verwendete Bauteile:**
1x LED rot

1x Taster

1x Transistor BC548C

1x Widerstand 1,5 kΩ

1x Widerstand 4,7 kΩ

5x Schaltdraht ca. 10 cm Länge

2x Schaltdraht ca. 5 cm Länge

**Beispiel: LED_Dimmer.pde**

```
// Franzis Arduino
// LED-Dimmer

int helligkeit=0;
int SW1=3;
int SW2=2;
int LED=11;

void setup()
{
  pinMode(SW1,INPUT);
  digitalWrite(SW1,HIGH);
  pinMode(SW2,INPUT);
  digitalWrite(SW2,HIGH);
}

void loop()
{
  if(!digitalRead(SW1)&&digitalRead(SW2))
  {
    if(helligkeit<255)helligkeit++;
    analogWrite(LED,helligkeit);
    delay(10);
  }
  else if(digitalRead(SW1)&&!digitalRead(SW2))
  {
    if(helligkeit!=0)helligkeit--;
    analogWrite(LED,helligkeit);
    delay(10);
  }
}
```

Das Beispiel zeigt auch die Verwendung der Not(*!*)-Funktion in einer *if*-Abfrage.

Die Taster sind zudem gegenseitig verriegelt. Es passiert also nichts, wenn beide Taster gleichzeitig gedrückt werden.

## 10.2  Softer Blinker

Mittels einer Sinusfunktion kann man dem Analogausgang ein sinusförmiges Signal entlocken. Das Leuchten der LED sieht dadurch sehr weich aus, was für manche Anwendung nützlich ist. Das Leuchten schwillt sozusagen auf und ab, was aussieht, als ob das Experimentierboard ein pochendes Herz hätte.

**Kapitel 10: Weitere Experimente mit Arduino**

Zur Verwendung kommt hier wieder der gleiche Schaltungsaufbau wie im vorhergehenden Beispiel (siehe Abb. 10.1). Das Hauptprogramm durchläuft eine Schleife, die von 1 bis 255 zählt. Diese Werte werden der Sinustabelle über ein *Array Table* entnommen und als PWM-Wert übergeben. Diese Methode ist deutlich schneller und geht zudem mit dem Speicher sparsamer um, als wenn die Tabelle im Mikrocontroller zur Laufzeit berechnet wird.

**Beispiel: SinusBlinker.pde**

```
// Franzis Arduino
// Sinusblinker

byte i=0;
int LED=11;

byte Data[] = {128,131,134,137,140,144,147,150,153,156,159,162,
165,168,171,174,177,180,182,185,188,191,194,196,199,201,204,206,
209,211,214,216,218,220,222,224,226,228,230,232,234,236,237,239,
240,242,243,244,246,247,248,249,250,251,251,252,253,253,254,254,
254,255,255,255,255,255,255,255,254,254,253,253,252,252,251,250,
249,248,247,246,245,244,242,241,240,238,236,235,233,231,229,227,
225,223,221,219,217,215,212,210,208,205,203,200,197,195,192,189,
187,184,181,178,175,172,169,167,164,160,157,154,151,148,145,142,
139,136,133,130,126,123,120,117,114,111,108,105,102,99,96,92,89,
87,84,81,78,75,72,69,67,64,61,59,56,53,51,48,46,44,41,39,37,35,33,
31,29,27,25,23,21,20,18,16,15,14,12,11,10,9,8,7,6,5,4,4,3,3,2,2,1,
1,1,1,1,1,2,2,2,3,3,4,5,5,6,7,8,9,10,12,13,14,16,17,19,20,22,24,
26,28,30,32,34,36,38,40,42,45,47,50,52,55,57,60,62,65,68,71,74,76,
79,82,85,88,91,94,97,100,103,106,109,112,116,119,122,125,128};

void setup()
{
   // nichts...
}

void loop()
{
  for(i=0;i<255;i++)
  {
    analogWrite(LED,Data[i]);
    delay(5);
  }
}
```

## 10.2 Softer Blinker

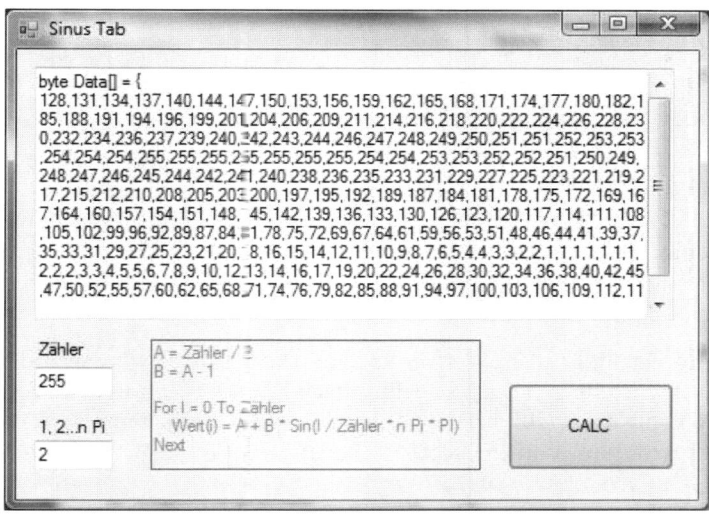

**Bild 10.2:** Das Programm Sin Tab

Das kleine *VB.NET*-Programm zeigt den Verlauf der PWM an. Es dient zudem für eigene Berechnungen und kann auch zur Erzeugung von Sinustabellen genutzt werden. Die errechneten Werte können direkt nach Arduino kopiert werden.

Sollten Sie im Besitz eines Oszilloskops sein, könnten Sie anstatt der LED ein RC-Glied an den Analogausgang schalten und den Sinusverlauf auf dem Oszilloskopbildschirm sehen.

**Beispiel: SofterBlinkerSinFunc.pde**

```
// Franzis Arduino
// Softer Blinker über Sinusfunktion

int ledPin = 11;
float Val;
int led;

void setup()
{
  pinMode(ledPin, OUTPUT);
}

void loop()
{
  for (int x=0; x<180; x++)
  {
```

```
    Val = (sin(x*(3.1412/180)));
    led = int(Val*255);
    analogWrite(ledPin, led);
    delay(10);
  }
}
```

Das zweite Beispiel zeigt die Möglichkeit, wie ein Softer Blinker über eine Sinusfunktion in Arduino berechnet wird. Das Programm ist deutlich kleiner, jedoch belastet es den Mikrocontroller durch die direkte Berechnung deutlich mehr und die Durchlaufzeit erhöht sich dadurch enorm.

Die *Sin()*-Funktion benötigt einen Wert in Radiant. Dazu müssen wir zuerst die Werte auf -1 bis 1 umrechnen. Dies geschieht mit *x\*(Pi/180)*. Wenn wir nun den errechneten Wert mit 255 multiplizieren (0 bis 255 PWM), erhalten wir einen Sinusverlauf, der zwischen 0 und 255 liegt.

## 10.3  Taster entprellen

*Taster prellen* ist auf den mechanischen Aufbau des Tasters zurückzuführen. Immer wenn wir einen Taster drücken oder loslassen, wird das Signal nicht sofort auf *Low* oder *High* gehen, sondern es entstehen noch kleine Spikes. Beim Schalten einer Glühlampe sieht man das nicht, da die Spikes zu kurz sind. Der Controller jedoch ist so schnell, dass es für ihn aussieht, als ob man ganz schnell ein- und ausschalten würde. Um einen definierten Zustand zu ermitteln, muss man den Taster softwareseitig entprellen.

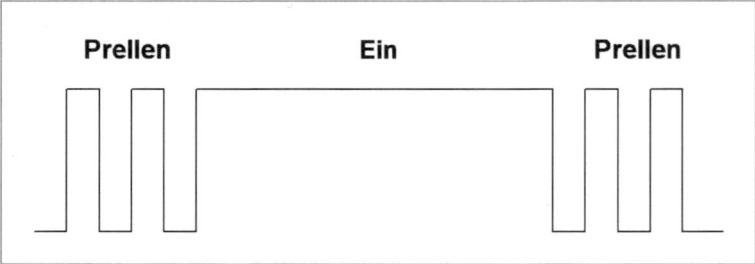

**Bild 10.3:** So sieht das Tasterprellen für den Controller am Eingang aus.

Das kann man einfach lösen, indem man den Zustand zweimal mit einer kleinen Pause abfragt. Erst wenn das Signal bei der zweiten Abfrage immer noch anliegt, kann man davon ausgehen, dass der Taster wirklich gedrückt wurde. Die Pause sollte zwischen 20 ms und 100 ms liegen.

## 10.3 Taster entprellen

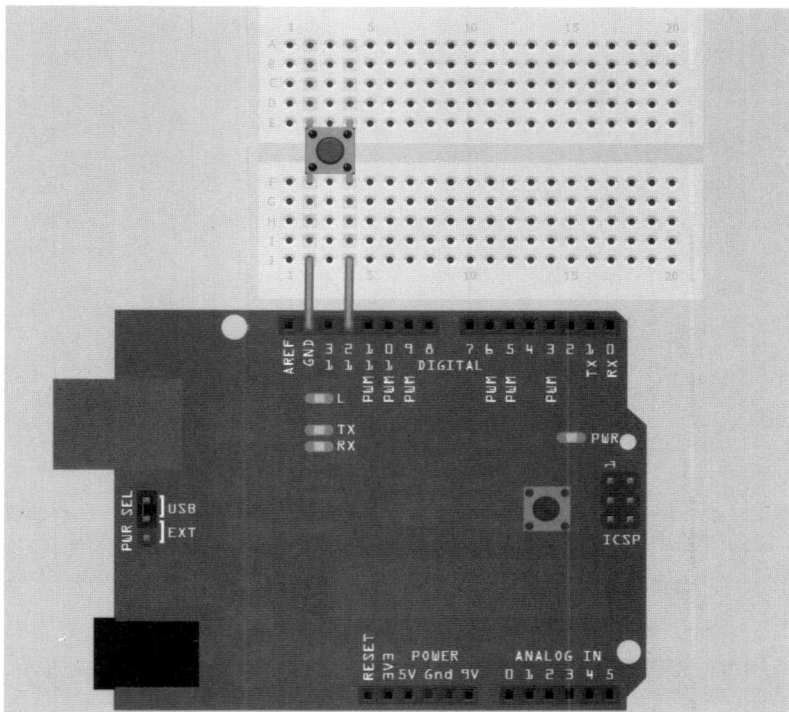

**Bild 10.4:** Schematischer Aufbau der Schaltung

**Verwendet Bauteile:**

1x Arduino/Freeduino-Board

1x Steckbrett

1x Taster

2x Schaltdraht ca. 5 cm Länge

**Beispiel: Taster_Prellen_V1.pde**

```
// Franzis Arduino
// Taster entprellen V1

int SW1=12;

void setup()
{
   Serial.begin(9600);
   pinMode(SW1,INPUT);
```

```
   digitalWrite(SW1,HIGH);
   Serial.println("Taster entprellen V1");
}

void loop()
{

  if(!digitalRead(SW1))
  {
    delay(50);
    if(!digitalRead(SW1))
    {
      Serial.println("Taster SW1 wurde gedrueckt");
    }
  }
}
```

Der Nachteil an dieser Methode ist, dass der Code immer so oft aufgerufen wird, bis man den Taster wieder loslässt. Eine weitere Möglichkeit wäre, den Programmcode auszuführen und danach zu warten, bis der Taster wieder losgelassen wird.

**Beispiel: Taster_Prellen_V2.pde**

```
// Franzis Arduino
// Taster entprellen V2

byte i=0;
int SW1=12;

void setup()
{
   Serial.begin(9600);
   pinMode(SW1,INPUT);
   digitalWrite(SW1,HIGH);
   Serial.println("Taster entprellen V2");
}

void loop()
{
  if(!digitalRead(SW1))
  {
    delay(50);
    if(!digitalRead(SW1))
    {
       i++;
       Serial.print("Taster SW1 wurde ");
```

## 10.3 Taster entprellen

```
      Serial.print(i,DEC);
      Serial.println("x gedrueckt");

      do{
      }while(!digitalRead(SW1));

    }
  }
}
```

Das umgekehrte Verhalten erhält man, wenn man die *do-while*-Schleife an den Anfang setzt. Hier wird der Code erst dann ausgeführt, wenn man den Taster bereits losgelassen hat.

**Beispiel: Taster_Prellen_V3.pde**

```
// Franzis Arduino
// Taster entprellen V3

byte i=0;
int SW1=12;

void setup()
{
   Serial.begin(9600);
   pinMode(SW1,INPUT);
   digitalWrite(SW1,HIGH);
   Serial.println("Taster entprellen V3");
}

void loop()
{

  if(!digitalRead(SW1))
  {
    delay(50);
    if(!digitalRead(SW1))
    {
      do{
      }while(!digitalRead(SW1));
      i++;
      Serial.print("Taster SW1 wurde ");
      Serial.print(i,DEC);
      Serial.println("x gedrueckt");

    }
  }
}
```

Eine noch bessere oder schon die fast perfekte Lösung ist folgender Beispielcode. Hier werden die letzten Beispiele vereint, zusätzlich wird nicht nur zweimal abgefragt, sondern die Ergebnisse werden noch zusätzlich miteinander verglichen. Der Wert von *digitalRead* muss also in einen bestimmten Zeitabschnitt zweimal gleich sein, um den Code auszuführen. Jetzt schalten wir dazu sogar noch die LED *L* ein oder aus.

**Beispiel: Taster_Prellen_V4.pde**

```
// Franzis Arduino
// Taster entprellen V4

byte i=0;
int SW1=3;
int LED=13;
int TOG=0;
byte value_1, value_2=0;

void setup()
{
   Serial.begin(9600);
   pinMode(SW1,INPUT);
   digitalWrite(SW1,HIGH);
   pinMode(LED,OUTPUT);
   Serial.println("Taster entprellen V4");
}

void loop()
{
  value_1=digitalRead(SW1);
  if(!value_1)
  {
    delay(50);
    value_2=digitalRead(SW1);
    if(!value_2)
    {
      i++;
      Serial.print("Taster SW1 wurde ");
      Serial.print(i,DEC);
      Serial.println("x gedrueckt");
      if(TOG!=0)TOG=0;else TOG=1;
      digitalWrite(LED,TOG);
      do{
      }while(!digitalRead(SW1));
    }
  }
}
```

## 10.4 Einschaltverzögerung

Eine Einschaltverzögerung, wie der Name schon sagt, schaltet einen Verbraucher (in unserem Versuch eine LED) nach einem Tasterdruck (kann auch ein Schalter sein) verzögert ein. Die Wartezeit wird in unserem Beispiel durch den Befehl *delay()* und eine Zählschleife realisiert. Wird der Taster gedrückt, speichert das Flag (Zustandsspeicher) den Zustand und inkrementiert die Variable *i*. Ist *i* größer als die vorgegebene Zeit (hier 3000, was 3 Sekunden entspricht), schaltet die LED *L* ein und das Programm bleibt in der *while(1)*-Schleife. Der Taster wird wieder an DigitalPin 12 und GND angeschlossen.

**Beispiel: Einschaltverzögerung.pde**

```
// Franzis Arduino
// Einschaltverzögerung

int SW1=12;
int value_1, value_2=0;
int LED=13;
byte Flag=0;
int i=0;


void setup()
{
   pinMode(SW1,INPUT);
   digitalWrite(SW1,HIGH);
   pinMode(LED,OUTPUT);
}

void loop()
{
  value_1=digitalRead(SW1);
  if(!value_1)
  {
    delay(50);
    value_2=digitalRead(SW1);
    if(!value_2)
    {
      Flag=1;
      do{
      }while(!digitalRead(SW1));
    }

  }
}
```

```
if(Flag==1)i++;
if(i>3000)
{
   digitalWrite(LED,HIGH);
   while(1);
}
   delay(1);
}
```

## 10.5 Ausschaltverzögerung

Das Gegenstück zur Einschaltverzögerung ist die Ausschaltverzögerung. Hier wird nach einem Tastendruck der Verbraucher nach einer vorgegeben Zeit ausgeschaltet. Das Verfahren ist identisch mit dem der Einschaltverzögerung, nur dass hier die Variable *i* nicht inkrementiert, sondern dekrementiert (herabgezählt) wird.

**Beispiel: Ausschaltverzögerung.pde**

```
// Franzis Arduino
// Ausschaltverzögerung

int SW1=12;
int value_1, value_2=0;
int LED=13;
byte Flag=0;
int i=3000;

void setup()
{
   pinMode(SW1,INPUT);
   digitalWrite(SW1,HIGH);
   pinMode(LED,OUTPUT);
   digitalWrite(LED,HIGH);
}

void loop()
{
   value_1=digitalRead(SW1);
   if(!value_1)
   {
      delay(50);
      value_2=digitalRead(SW1);
```

```
    if(!value_2)
    {
      Flag=1;
      do{
      }while(!digitalRead(SW1));
    }
  }
  if(Flag==1)i--;
  if(i==0)
  {
    digitalWrite(LED,LOW);
    while(1);
  }
  delay(1);
}
```

## 10.6 LEDs und Arduino

Bei den meisten der bisher beschriebenen Anwendungen kamen zum Test der Software als Ausgabe eine oder mehrere LEDs zum Einsatz. Der Nicht-Elektroniker wird sich bisher gefragt haben, wie der Vorwiderstand zu berechnen ist.

Eine LED ist ähnlich wie eine normale Siliziumdiode anzusehen, mit dem Unterschied, dass die LED in Durchlassrichtung (Anode an + und die Kathode an Masse) betrieben wird. In diesen Fall fällt über die LED eine Spannung ab, die je nach Farbe unterschiedlich ist (liegt zwischen 1,6 und 3,5 V). Die genaue Spannung findet man im Datenblatt der LED und wird dort *Vf* (engl.: forward Voltage) genannt. Die LED benötigt zudem einen gewissen Strom, um zu leuchten. Dieser ist in den Datenblättern mit $I_F$ aufgeführt.

**Rechenbeispiel:**

If = 2 mA (Low current LED)

Vf = 2,2 V

VCC = 5 V

R = ? Ω (gesuchte Größe)

$$R = \frac{Vcc - Uf}{If} \qquad 1.400\,\Omega = \frac{5\,V - 2,2\,V}{20\,mA}$$

Wir verwenden also einen Widerstand aus der E12-Reihe, der etwas höher liegt, und setzen 1,5 kΩ als Vorwiderstand ein, um sicherzugehen, dass die LED keinen Schaden nimmt. Wenn man sich den Schaltplan des Experimentierboards genauer ansieht, kann man die 1,5-kΩ-Widerstände vor den Dioden deutlich erkennen. Nun noch ein praktisches Beispiel mit einem LED-Doppelblitzer. Die LEDs an Pin 10 und 11 blitzen dabei abwechselnd je 3x, was einen Lichteffekt, ähnlich dem eines Notarztautos, ergibt – auch wenn dieses blau und nicht rot ist.

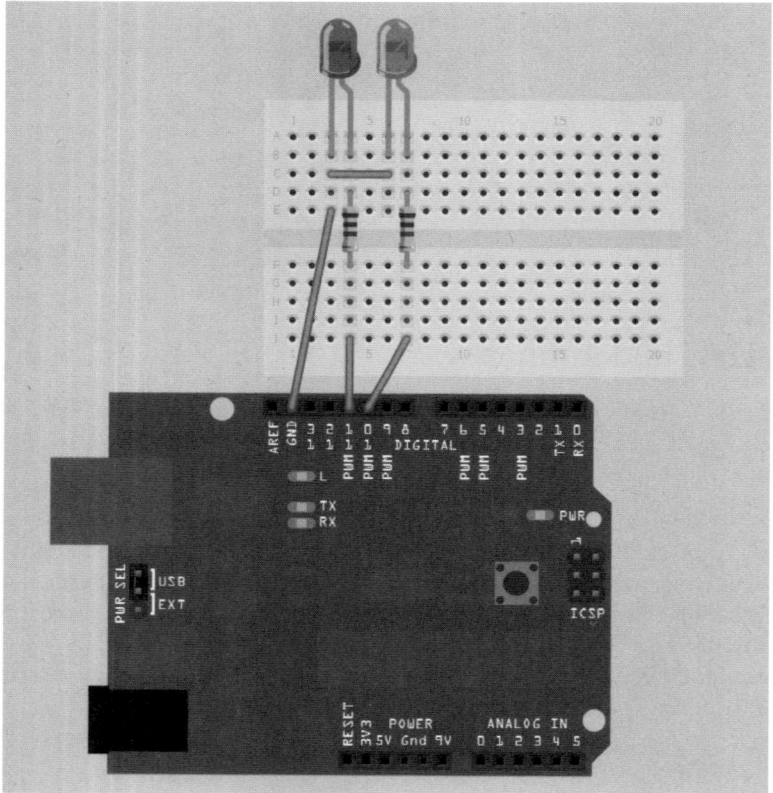

**Bild 10.5:** Schematischer Aufbau der Schaltung

**Verwendete Bauteile:**

1x Freeduino/Arduino-Board

1x Steckbrett

2x LED rot

2x Widerstand 1,5 kΩ

3x Schaltdraht ca. 5 cm Länge

1x Schaltdraht ca. 10 cm Länge

**Beispiel: Blitzer.pde**

```
// Franzis Arduino
// Doppelblitzer

int LED_1=10;
int LED_2=11;
int i=0;
int TOG=0;

void setup()
{
   pinMode(LED_1,OUTPUT);
   pinMode(LED_2,OUTPUT);
}

void loop()
{
  for(i=0;i<3;i++)
  {
    if(TOG==0)TOG=HIGH;else TOG=LOW;
    digitalWrite(LED_1,TOG);
    delay(40);
  }

  digitalWrite(LED_1,LOW);
  delay(100);

  for(i=0;i<3;i++)
  {
    if(TOG==0)TOG=HIGH;else TOG=LOW;
    digitalWrite(LED_2,TOG);
    delay(40);
  }
  digitalWrite(LED_2,LOW);
  delay(100);

  for(i=0;i<3;i++)
  {
    if(TOG==0)TOG=HIGH;else TOG=LOW;
    digitalWrite(LED_1,TOG);
    delay(40);
```

```
}
    digitalWrite(LED_1,LOW);
    delay(500);
}
```

## 10.7 Größere Verbraucher schalten

Sollten Sie einmal mehr Strom benötigen, als unser Port zur Verfügung stellen kann (max. ±40 mA), müssen wir den Strom über einen Transistor verstärken. Bei einem Transistor fließt in die Basis ein kleiner Strom hinein und sorgt für großen Kollektorstrom. Die Verstärkung liegt bei Kleinsignaltransistoren zwischen 100 und 1.000, je nach verwendetem Typ. Der in unserer Schaltung verwendete Transistor BC548C besitzt eine mittlere Verstärkung von ca. 300. D. h., ein Strom von 0,1 mA an der Basis würde einen Strom im Kollektorkreis von 30mA bedeuten. Der maximale Strom im Kollektorkreis (Ic) darf bei unserem Transistor max. 100 mA betragen. Wir verwenden zur Veranschaulichung eine LED mit Vorwiderstand.

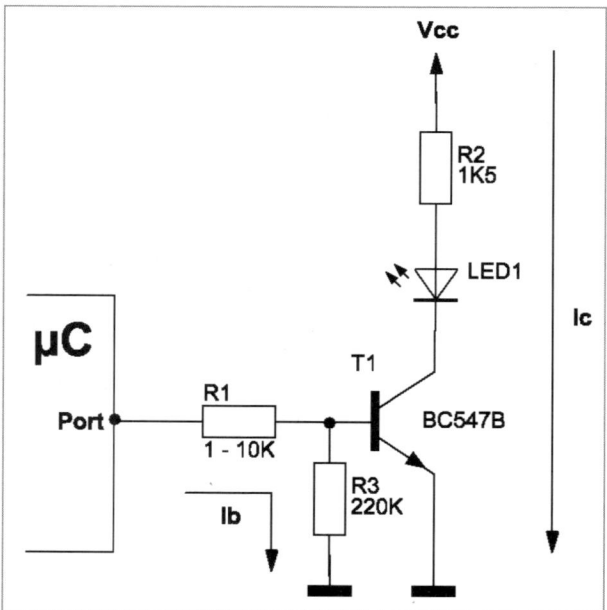

**Bild 10.6:** Transistor-Verstärker für den I/O-Ausgang

Transistor am Port des AVR – Ib = Basisstrom; Ic = Kollektorstrom. Durch den Emitter fließen somit der Basis- und der Kollektorstrom.

## 10.7 Größere Verbraucher schalten

Der Widerstand R1 wird je nach Anwendung zwischen 1 und 10 kΩ dimensioniert. Bei einem BC543C-Transistor genügt ein 10-kΩ-Widerstand, um die LED in voller Stärke leuchten zu lassen.

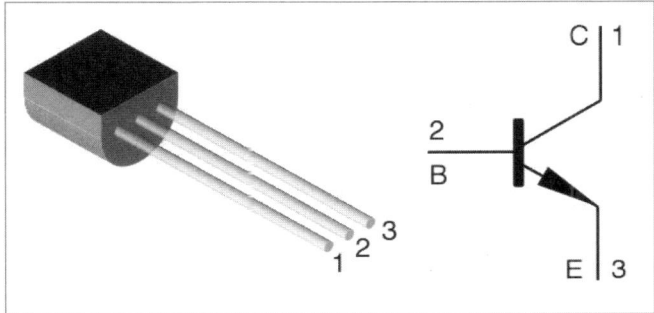

**Bild 10.7:** Pinbelegung des Transistors BC547 (Quelle: Vishay Datenblatt)

Der Widerstand R3 dient zur Entstörung der Basis. Die I/O-Pins sind beim Einschalten hochohmig. Die Basis würde somit in der Luft hängen. Damit dies nicht der Fall ist, schalten wir einen Widerstand zwischen 220 und 470 kΩ direkt an der Basis gegen Masse. Dann ist sichergestellt, dass der Transistor nur durchschaltet, wenn ein größerer Strom in die Basis fließt.

Je mehr Strom die Last benötigt, desto mehr Strom muss in die Basis fließen.

**Berechnung des Kollektorstroms:**
$I_c = I_b *$ Transistor-Verstärkung (HFE)

# 150 Kapitel 10: Weitere Experimente mit Arduino

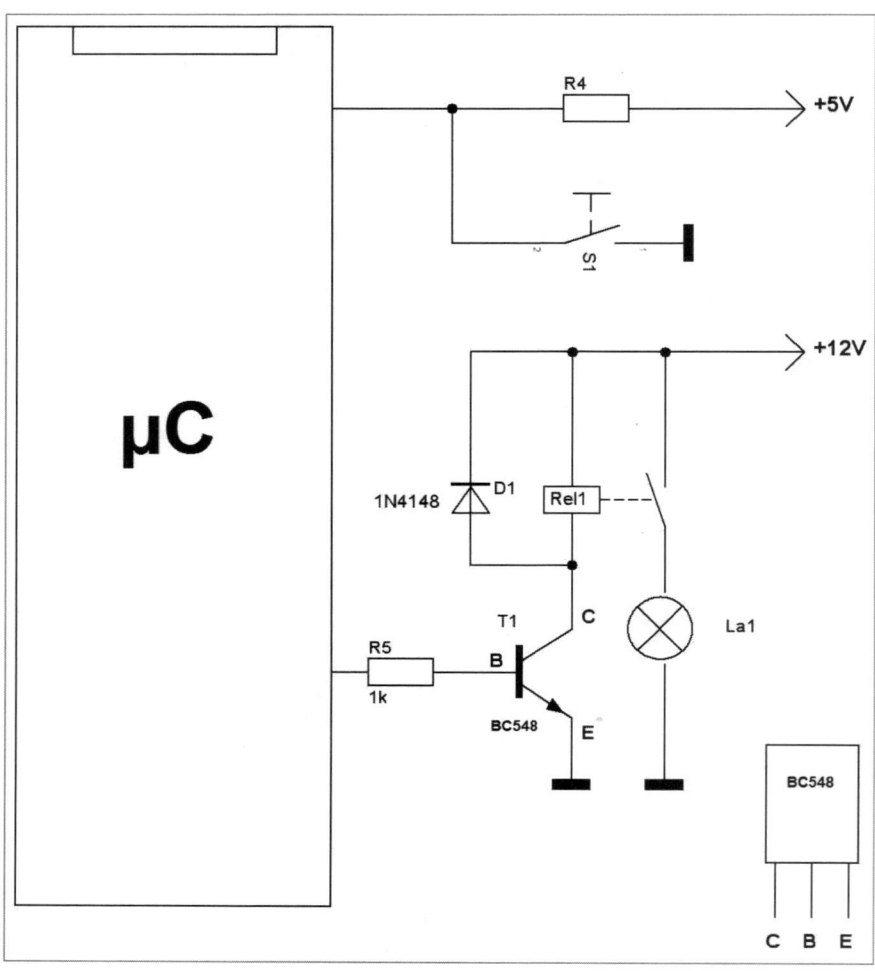

**Bild 10.8:** Relais am Port

**Bild 10.9:** Kleinleistungs-Printrelais

Über einen Transistor können wir z. B. ein Relais schalten. Relais gibt es in den verschiedensten Ausführungen. Das Relais besitzt einen potenzialfreien Kontakt, d. h., der Schaltkontakt ist nicht mit der Mikrocontrollerschaltung verbunden. Wichtig ist, dass eine Freilaufdiode parallel zu der Relaisspule geschaltet ist, um den Transistor vor Zerstörung zu schützen. Die Diode verhindert, dass die hohe Induktionsspannung den Transistor zerstört. Die Diode wird immer antiparallel zur Versorgungsspannung der Spule geschaltet, denn die Induktionsspannung ist der Ursache entgegengerichtet.

## 10.8 DAC mit PWM-Ports

Die meisten in der Natur vorkommenden Signale sind analog. Daher ist es für eine digital arbeitende Maschine notwendig, die digitalen Werte in analoge Größen umzusetzen, wenn externe Vorgänge beeinflusst werden sollen. Benötigen wir eine analoge Spannung, muss ein RC-Glied an den Analogausgang angeschlossen werden, das aus dem PWM-Signal eine quasi analoge Spannung formt. Die meisten Mikrocontroller, wie auch der Arduino-Mikrocontroller, haben keinen echten DA-Wandler integriert. Allerdings kann man mittels des PWM-Signals auch eine DA-Wandlung vornehmen und Gleichspannung generieren. Wird ein PWM-Signal über einen Tiefpass gefiltert (geglättet), entsteht eine Gleichspannung mit Wechselanteil, deren Mittelwert dem des PWM-Signals entspricht und deren Wechselanteil von der Beschaltung abhängig ist.

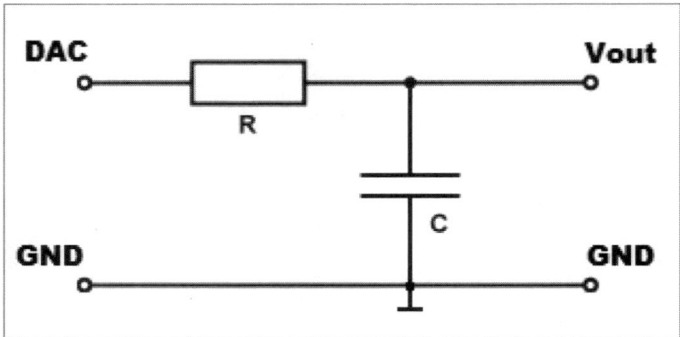

**Bild 10.10:** Aufbau eines RC-Glieds zur Glättung der PWM

>**Das RC-Glied berechnet sich wie folgt:**
>
>$$FG = \frac{1}{2 * Pi * R * C}$$

**Fg** = Grenzfrequenz des PWM-Signals

**Pi** = 3,14 (grob)

**R** = Widerstand in Ohm

**C** = Kondensator in Farad

Der im Beispiel verwendete RC-Tiefpass besteht aus einem 1-µF-Kondensator und einem 10-k -Widerstand und besitzt eine Grenzfrequenz von 15 Hz.

Das RC-Glied darf in diesem Zustand natürlich nicht sonderlich belastet werden, da sich der Kondensator sonst zu schnell entladen würde. Dadurch würde das RC-Glied überflüssig oder die Welligkeit, auch *Rippel* genannt, würde sich erhöhen. Am besten man setzt noch eine Treiberendstufe hinter das RC-Glied, sodass das Signal auf den gewünschten Level angehoben und der erforderliche Strom abgegeben werden kann. Für unseren Versuch können wir die Spannung über den analogen Eingangpin 0 messen.

## 10.8 DAC mit PWM-Ports

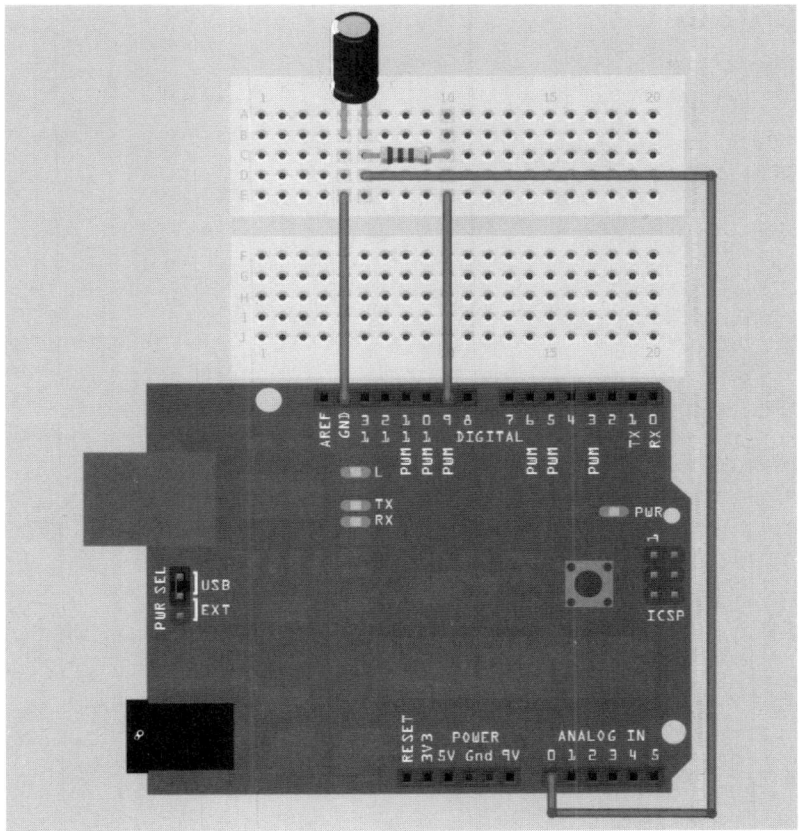

**Bild 10.11:** Schematischer Aufbau des DAC mit dem PWM-Ausgang

**Verwendete Bauteile:**

1x Arduino/Freeduino-Board

1x Steckbrett

1x Kondensator 1 µF

1x Widerstand 10 kΩ

2x Schaltdraht ca. 5 cm Länge

1x Schaltdraht ca. 10 cm Länge

**Beispiel: DAC.pde**

```
// Franzis Arduino
// DAC

char buffer[18];
int pinPWM=9;
int raw=0;
float Volt=0;

void setup()
{
  Serial.begin(9600);
  Serial.println("DAC mit PWM-Ausgang");
  Serial.println();
  Serial.println("Geben Sie einen Wert zwischen 0 und 255 ein");
  Serial.flush();
}

void loop()
{
  if (Serial.available() > 0)
  {
    int index=0;
    delay(100);          // warten, bis die Zeichen im Puffer sind
    int numChar = Serial.available();
    if (numChar>15)
    {
      numChar=15;
    }
    while (numChar--)
    {
      buffer[index++] = Serial.read();
    }
    splitString(buffer);
  }
}

void splitString(char* data)
{
  Serial.print("Empfangen wurde der Wert: ");
  Serial.println(data);
  char* parameter;
  parameter = strtok (data, " ,");
  while (parameter != NULL)
  {
```

```
    setPWM(parameter);
    parameter = strtok (NULL, " ,");
  }


  // Puffer wieder löschen
  for (int x=0; x<16; x++)
  {
    buffer[x]='\0';
  }
  Serial.flush();
}

void setPWM(char* data)
{
    int Ans = strtol(data, NULL, 10);
    Ans = constrain(Ans,0,255);
    analogWrite(pinPWM, Ans);
    Serial.print("PWM = ");
    Serial.println(Ans);
    delay(100);
    raw=analogRead(0);
    float ref=5.0/1024.0;
    Volt=raw*ref;
    Serial.print("Die Spannung am ADC0 betraegt: ");
    Serial.print(Volt);
    Serial.println(" Volt");
    Serial.println();
    Serial.println("Geben Sie einen Wert zwischen 0 und 255 ein");
}
```

Das Beispiel erzeugt ein PWM-Signal am Analogausgang Pin 9. Das Signal wird über das RC-Glied geglättet und über den Analogeingang 0 gemessen. Je kleiner der eingegebene Wert ist, desto kleiner ist die Ausgangsspannung am Filter. Die Stellzeit von 0 auf 5 V oder von 5 auf 0 V beträgt ca. 40 ms. Das Beispiel zeigt auch, wie man eine Dateneingabe über die serielle Schnittstelle gestalten kann.

## 10.9 Mit Musik geht alles besser

Arduino ist auch »musikalisch«. Um herauszufinden, wie musikalisch Arduino wirklich ist, verbinden wir jetzt den kleinen Piezo-Schallwandler mit dem Experimentierboard, wie es in der folgenden Abbildung zu sehen ist.

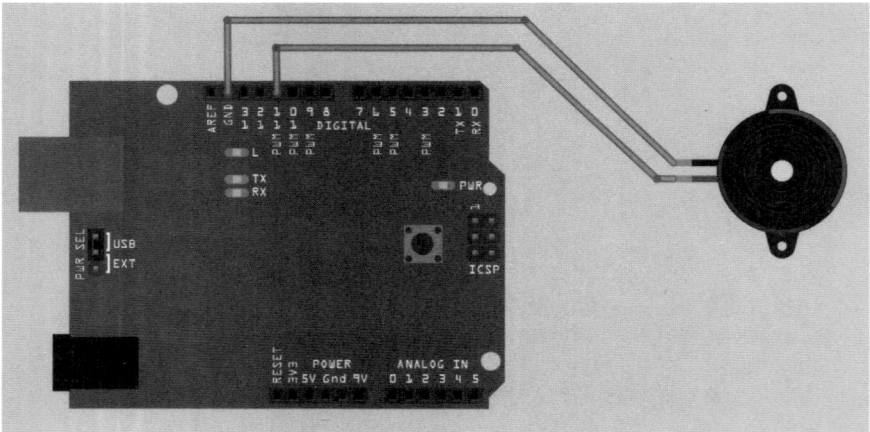

**Bild 10.12:** Schematischer Aufbau mit Piezo-Schallwandler

**Verwendete Bauteile:**

1x Arduino/Freeduino-Board

1x Piezo-Schallwandler

Wir verbinden den Piezo-Schallwandler nun mit dem Digitalausgang 11 und GND.

Arduino bietet uns zur Tonerzeugung den Befehl *tone()* an. Diesen Befehl können wir nutzen, um an einem beliebigen Pin Töne zu erzeugen. Dabei wird der Pin mit einer vorgegeben Frequenz zwischen High- und Low-Pegel hin und her geschaltet. Die Frequenzerzeugung erfolgt hier rein softwarebasierend.

Hinter den Befehl müssen noch diverse Parameter wie der zu verwendende Pin, die Anzahl der auszugebenden Pulse und die Zeit, wie lange der Pin high oder low sein soll (Periode), gesetzt werden.

```
tone(pin, frequency);            // Stellt einen Dauerton ein
tone(pin, frequency, duration)   // Ton für eine bestimmte Zeit
```

## 10.9 Mit Musik geht alles besser

**Beispiel: Sound.pde**
```
// Franzis Arduino
// Sound

int Speaker=8;

void setup()
{
   pinMode(Speaker, OUTPUT);
}

void loop()
{
   tone(Speaker,550,450);
   delay(3000);
}
```

Der Soundbefehl ist nur zur Ausgabe von Quittungstönen oder einfachen Melodien gedacht. Eine genaue Frequenz kann mit ihm nicht erzeugt werden. Wie wir uns eine eigene Routine zur Soundausgabe bauen können, verdeutlicht das folgende Beispiel. Hier werden die Töne wieder durch Umschalten eines Digital-Pins zwischen *HIGH* und *LOW* erzeugt.

```
   digitalWrite(Speaker, HIGH);
   delayMicrosecords(tone);
   digitalWrite(Speaker, LOW);
   delayMicroseconds(tone);
```

Wenn Sie diesen Code in einer Schleife laufen lassen, erzeugt er eine Frequenz am Digitalausgang. Die Periodendauer wird mit der Variablen *tone()* bestimmt.

```
Frequenz in Hz = 1 / Periodendauer in Sekunden
```

**Beispiel: Melodie.pde**
```
// Franzis Arduino
// Melodie

int Speaker = 8;
int length = 15;
char notes[] = "ccggaagffeeddc ";
int beats[] = { 1, 1, 1, 1, 1, 1, 2, 1, 1, 1, 1, 1, 1, 2, 4 };
int tempo = 300;

void setup()
{
  pinMode(Speaker, OUTPUT);
}
```

```
void loop()
{
  for (int i = 0; i < length; i++)
  {
    if (notes[i] == ' ')
    {
      delay(beats[i] * tempo);
    }
    else
    {

      playNote(notes[i], beats[i] * tempo);
    }

    delay(tempo / 2);

  }
}
void playTone(int tone, int duration)
{
  for (long i = 0; i < duration * 1000L; i += tone * 2)
  {
    digitalWrite(Speaker, HIGH);
    delayMicroseconds(tone);
    digitalWrite(Speaker, LOW);
    delayMicroseconds(tone);
  }
}
void playNote(char note, int duration)
{
  char names[] = { 'c', 'd', 'e', 'f', 'g', 'a', 'b', 'C' };
  int tones[] = { 1915, 1700, 1519, 1432, 1275, 1136, 1014, 956 };
  for (int i = 0; i < 8; i++)
  {
    if (names[i] == note)
    {
      playTone(tones[i], duration);
    }
  }
}
```

**TIPP:**
Baut man in den kleinen Piezo-Schallwandler eine »Papiertröte« ein, wird der Ton deutlich lauter. Auch wenn man den Buzzer auf ein kleines Stück Papier legt, verstärkt dies die Lautstärke immens.

## 10.10 Romantisches Mikrocontroller-Kerzenlicht

Wer liebt sie nicht, die gemütlichen Abende im Kerzenschein, wenn die Flamme im Wind umherflackert und eine romantische, gemütliche Atmosphäre schafft?! Mithilfe von Arduino und drei LEDs sowie dem Zufallsgenerator können wir ein simuliertes Kerzenlicht mit Flackern schaffen. Idealer Einsatzort ist dafür natürlich der Modellbahnbau. Hier werden diese Lichteffekte immer wieder benötigt, um eine simulierte kleine Welt zu schaffen. Das Programm benutzt die analogen Ausgänge des Mikrocontrollers. Dieses Mal wird aber kein fixer Wert oder eine Sinusform vorgegeben, sondern die Pulse-Pausen-Verhältnisse werden zufällig gewählt. Die LEDs (rot und gelb) verhalten sich immer unterschiedlich in der Helligkeit. Wenn wir die LEDs in ein milchiges Glasgefäß setzen und den Deckel mit Alufolie auskleben, wird das Licht gleichmäßig verteilt. Dann ist schon schwer zu sagen, ob es sich um LEDs oder echte Kerzen handelt. Einfacher geht es noch, wenn man sich eine kleine Box aus Druckerpapier baut und diese über die LEDs stülpt. Die Box sollte eine Kantenlänge von ca. 10 cm haben.

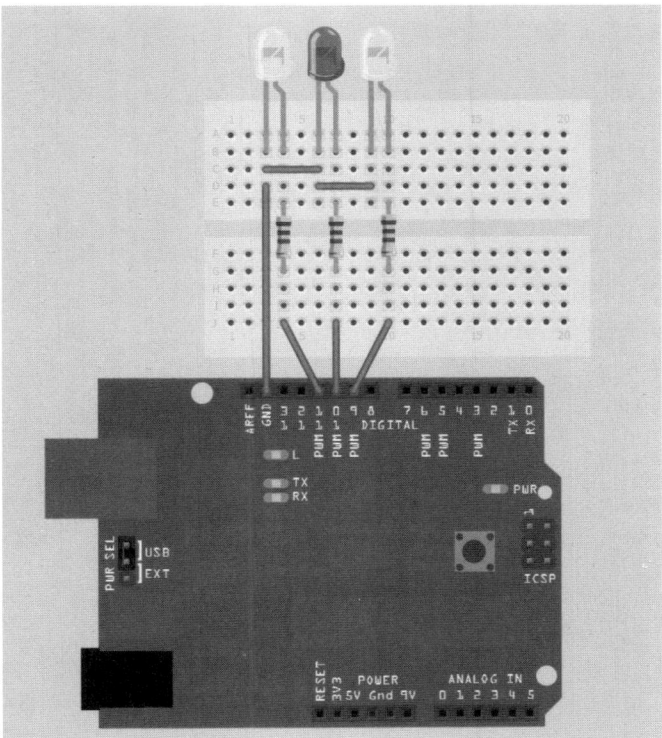

**Bild 10.13:** Schematischer Aufbau des Mikrocontroller-Kerzenlichts

**Verwendete Bauteile:**

1x Arduino/Freeduino-Board

1x Steckbrett

1x LED rot

2x LED gelb

1x Widerstand 1 kΩ

3x Schaltdraht ca. 5 cm Länge

1x Schaltdraht ca. 10 cm Länge

> **INFO:**
> Die mittlere LED am Pin 10 ist die rote!

**Beispiel: Kerzenlicht.pde**

```
// Franzis Arduino
// Kerzenlicht

int led_gelb1 = 9;
int led_rot = 10;
int led_gelb2 = 11;

void setup()
{
  pinMode(led_gelb1, OUTPUT);
  pinMode(led_rot, OUTPUT);
  pinMode(led_gelb2, OUTPUT);
}

void loop()
{
  analogWrite(led_gelb1, random(120)+135);
  analogWrite(led_rot, random(120)+135);
  analogWrite(led_gelb2, random(120)+135);
  delay(random(100));
}
```

## 10.11 Überwachung des Personalausgangs

In den meisten Betrieben ist es erforderlich, den Personalausgang mit einem Zufallsgenerator zu überwachen. Eine Einrichtung, die zufällig einzelne Personen zum Durchsuchen herausfiltert, schreckt viele Mitarbeiter von Diebstahl ab. Das Prinzip ist relativ einfach: Am Personalausgang wird ein Taster (Buzzer) angebracht, den jeder Mitarbeiter beim Verlassen des Firmengeländes einmal drücken muss. Per Zufall wird bei einer bestimmen Anzahl von Tasterdrücken eine rote Lampe oder eine Sirene eingeschaltet, die den Mitarbeiter zur Taschenkontrolle auffordert. Danach errechnet der Zufallszahlengenerator eine neue Zahl, und das Ganze beginnt erneut. Die Empfindlichkeit kann man mit dem Potenziometer einstellen. Je größer der Wert des Analogeingangs 0 ist, desto weniger Alarmmeldungen werden ausgelöst.

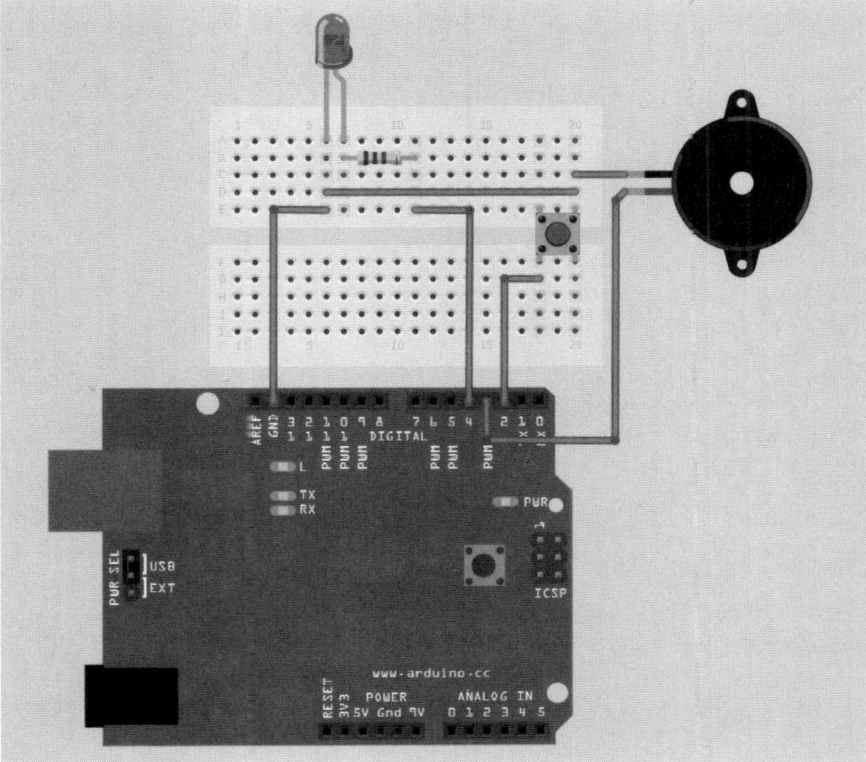

**Bild 10.14:** Schematischer Aufbau der Schaltung

**Verwendete Bauteile:**

1x Arduino/Freeduino-Board

1x Steckbrett

1x LED rot

1x Piezo-Schallwandler

1x Widerstand 1,5 kΩ

1x Taster

4x Schaltdraht ca. 5 cm Länge

**Beispiel: Personalausgang.pde**

```
// Franzis Arduino
// Überwachung des Personaleingangs

int i,x=0;
int LED=3;
int SW1=4;
int Empfindlichkeit=0;
int Speaker=3;
int Person=0;

void setup()
{
  pinMode(LED,OUTPUT);
  pinMode(Speaker,OUTPUT);
  pinMode(SW1,INPUT);
  digitalWrite(SW1,HIGH);
  randomSeed(1000);
}

void loop()
{
  Person=(77+analogRead(Empfindlichkeit)/10);
  i=random(1,Person);

  while(1)
  {
    if(!digitalRead(SW1))
    {
      delay(50);
      if(!digitalRead(SW1))
      {
```

```
        if(x>Person)x=0;
        if(i==x)
        {
          digitalWrite(LED,HIGH);
          tone(Speaker,500,250);
          delay(3000);
          digitalWrite(LED,LOW);
          break;
        }
        x++;
      }
    }
  }
}
```

## 10.12 RTC (Real Time Clock)

In vielen Anwendungen wird eine Uhr zur Programmsteuerung benötigt – sei es eine einfache Zeitschaltuhr, eine Steuerung, die einen genauen zeitlichen Ablauf einhalten soll, oder ein Betriebsstundenzähler. Die Anwendungen, bei denen eine Uhr benötigt wird, sind zahlreich. Die Ausgabe auf dem Terminal erfolgt im Sekundentakt. Es wird immer der alte Wert der Sekunde mit dem neuen verglichen. Ist dieser unterschiedlich, wird die Zeit ausgegeben. Unsere LED $L$ blinkt im Sekundentakt mit. Dadurch überwachen wir die Funktion des Programms, ob es auch noch sauber läuft oder sich ein Fehler beim Programmieren eingeschlichen hat.

Man bedenke jedoch, dass die Uhr nicht die Präzision einer Quarzuhr besitzt, da der Takt und die Abweichung des Quarzes viel größer sind als bei einem Uhrquarz. Im Kilohertzbereich (32,768 kHz) sind Abweichungen von mehr als einer Minute pro Tag keine Seltenheit. Die Genauigkeit ist zudem stark von Temperaturschwankungen abhängig.

**Beispiel: RTC.pde**

```
// Franzis Arduino
// RTC

int cnt, Sekunde, Minute, Stunde=0;
int LED=13;

void setup()
{
```

```
  Serial.begin(9600);
  pinMode(LED,OUTPUT);


  // Zeitvorgabe
  Sekunde=0;
  Minute=0;
  Stunde=0;
}

void loop()
{

  cnt++;
  if(cnt==50)digitalWrite(LED,LOW);

  if(cnt==100)
  {
    digitalWrite(LED,HIGH);
    Serial.print(Stunde);
    Serial.print(":");
    Serial.print(Minute);
    Serial.print(":");
    Serial.println(Sekunde);


    Sekunde++;
    if(Sekunde==60)
      {
        Sekunde=0;
        Minute++;
        if(Minute==60)
        {
          Minute=0;
          Stunde++;
          if(Stunde==24)
          {
            Stunde=0;
          }
        }
      }
    cnt=0;
  }
  delay(10);
}
```

## 10.13 Schuluhrprogramm

Eine gute Anwendung für eine Uhr ist z. B. eine Schuluhr. Zur vorgegebenen Zeit (alle 45 Minuten) ertönt der Stundengong. Dazu erweitern wir das RTC-Programm um ein paar Zeilen Code und fragen dabei über die *if*-Bedingung die Zeit ab. Trifft eine Bedingung ein, ertönt der Piezo-Schallwandler.

**Eine Schule könnte folgende Unterrichtszeiten haben:**

1. Stunde 7:00 Uhr – 7:45 Uhr

2. Stunde 7:55 Uhr – 8:40 Uhr, anschließend 20 min. Frühstückspause

3. Stunde 9:00 Uhr – 9:45 Uhr

4. Stunde 9:55 Uhr – 10:40 Uhr

5. Stunde 10:50 Uhr – 11:35 Uhr, anschließend 30 min. Mittagspause

6. Stunde 12:05 Uhr – 12:50 Uhr

7. Stunde 13:00 Uhr – 13:45 Uhr

Zu Beginn und Ende einer Schulstunde soll ein Klingelsignal ertönen. Die Klingel ist bei uns der Piezo-Schallwandler.

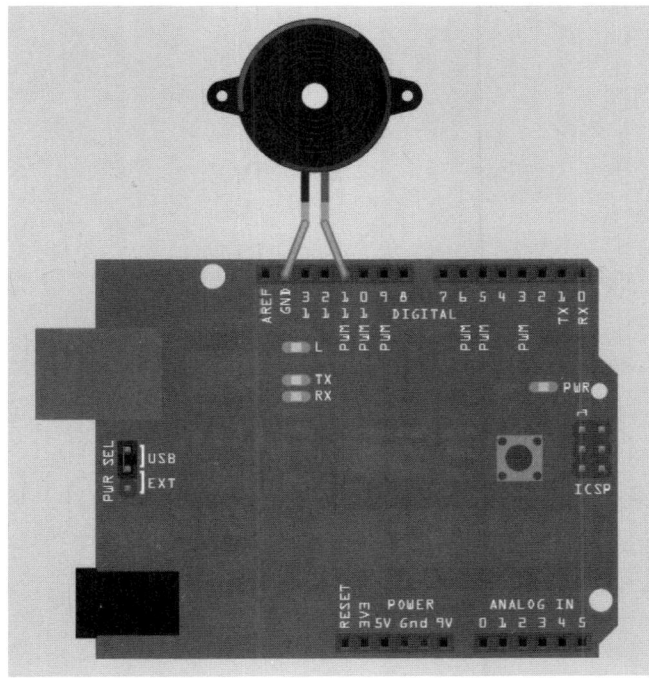

Bild 10.15:
Schematischer Aufbau des Schuluhr-experiments

**Verwendete Bauteile:**

1x Arduino/Freeduino-Board

1x Piezo-Schallwandler

**Beispiel: Schuluhr.pde**

```
// Franzis Arduino
// Schuluhr

int cnt, Sekunde, Minute, Stunde=0;
int LED=13;
int Speaker=11;

void setup()
{
  Serial.begin(9600);
  pinMode(LED,OUTPUT);
  pinMode(Speaker,OUTPUT);


  // Zeitvorgabe
  Stunde=6;
  Minute=59;
  Sekunde=58;
}

void loop()
{

  cnt++;
  if(cnt==50)digitalWrite(LED,LOW);

  if(cnt==100)
  {
    digitalWrite(LED,HIGH);
    Serial.print(Stunde);
    Serial.print(":");
    Serial.print(Minute);
    Serial.print(":");
    Serial.println(Sekunde);
    Sekunde++;
```

```
   if(Sekunde==60)
   {
     Sekunde=0;
     Minute++;
     if(Minute==60)
     {
       Minute=0;
       Stunde++;
       if(Stunde==24)
       {
         Stunde=0;
       }
     }
   }
   cnt=0;
}
delay(10);

// Hier die Läutzeiten

// 1. Stunde
if(Stunde==7&&Minute==0)Bell();
if(Stunde==7&&Minute==45)Bell();

// 2. Stunde
if(Stunde==7&&Minute==55)Bell();
if(Stunde==8&&Minute==40)Bell();


// Frühstückspause

// 3. Stunde
if(Stunde==9&&Minute==0)Bell();
if(Stunde==9&&Minute==45)Bell();

// 4. Stunde
if(Stunde==9&&Minute==55)Bell();
if(Stunde==10&&Minute==40)Bell();

// 5. Stunde
if(Stunde==10&&Minute==50)Bell();
if(Stunde==11&&Minute==35)Bell();
```

```
// Mittagspause

// 6. Stunde
if(Stunde==12&&Minute==05)Bell();
if(Stunde==12&&Minute==50)Bell();

// 7. Stunde
if(Stunde==13&&Minute==0)Bell();
if(Stunde==13&&Minute==45)Bell();
}

void Bell(void)
{
  if(Sekunde<5)
  {
    tone(Speaker,500);
  }
  else
  {
    noTone(Speaker);
  }
}
```

Zu Beginn des Programms wird zuerst die Uhrzeit, die wir im Programm vorgegeben haben, übernommen. Ab hier startet unsere Uhr. Danach läuft das Programm selbstständig ab. Unsere LED *L* blinkt im 1-Hz-Takt. Wird eine der vorgegebenen Stundenzeiten erreicht, wird die Schulglocke für 5 Sekunden betätigt. Wenn die Uhr zu schnell oder zu langsam laufen sollte, kann man sie über die *delay()*-Vorgabe justieren. Dazu können wir auch *micros()* verwenden, was die Justierung noch genauer macht. In diesem Fall sollte man den Ausgang der LED *L* an einem Oszilloskop überwachen. Man könnte auch einen separaten Pin als Ausgang für das Oszilloskop oder einen Frequenzzähler konfigurieren, an dem man das 10-ms-Signal abgreift. Damit könnte man das Timing genauer anpassen.

## 10.14 Lüftersteuerung

In vielen Toiletten findet man eine Lüftersteuerung vor. Kurz nachdem das Licht eingeschaltet wird, beginnt der Lüfter zu laufen. Wenn man das Licht wieder ausschaltet, läuft der Lüfter noch eine Weile weiter. In den meisten Fällen ist diese Steuerung in den Lüfter bereits eingebaut. Der Lüfter hängt dazu einmal fest auf 230 V und zusätzlich an der Beleuchtung des Raums. Wird nun das Licht eingeschaltet, wartet die Lüftersteuerung kurz für den Fall, dass das Licht nur versehentlich und kurz eingeschaltet wurde. Der Lüfter startet meist nach ca. 30 Sekunden. Sobald das Licht wieder ausgeschaltet wird, läuft ein Timer in der Elektronik des Lüfters ab und lässt diesen noch 1 bis 5 Minuten nachlaufen.

> **INFO:**
> Man sollte dieses Verhalten aber nur mit dem Experimentierboard simulieren, da man besser die Finger vom 230-V-Stromnetz lassen sollte. Hierzu wäre eine eine Elektrofachkraft erforderlich.

Unsere Lüftersteuerung wird aber intelligenter als die in den meisten Lüftern. Sie erkennt über einen Lichtsensor, ob das Licht an- oder ausgeschaltet wurde. Ein Fotowiderstand ist ein Halbleiter, dessen Widerstandswert lichtabhängig ist. Er wird auch LDR (engl.: Light dependent Resistor) genannt. Alle Halbleitermaterialien sind lichtempfindlich und würden sich deshalb gut für einen Fotowiderstand eignen. Da dieser Effekt nicht in jedem Halbleiter gleich stark in Erscheinung tritt, gibt es spezielle Halbleitermischungen, bei denen dieser Effekt besonders stark auftritt. Ein LDR besteht aus zwei Kupferkämmen, die auf einer isolierten Unterlage (weiß) aufgebracht sind. Dazwischen liegt das Halbleitermaterial in Form eines gewundenen Bands (rot). Fällt das Licht (Photonen) auf das lichtempfindliche Halbleitermaterial, werden die Elektronen aus ihren Kristallen herausgelöst (Paarbildung). Der LDR wird leitfähiger, d. h., sein Widerstandswert wird kleiner. Je mehr Licht auf das Bauteil fällt, desto kleiner wird der Widerstand und desto größer wird der elektrische Strom. Dieser Vorgang ist allerdings sehr träge. Die Verzögerung dauert mehrere Millisekunden. Dies reicht aber zur Hell-dunkel-Erkennung eines Raums völlig aus.

**170** Kapitel 10: Weitere Experimente mit Arduino

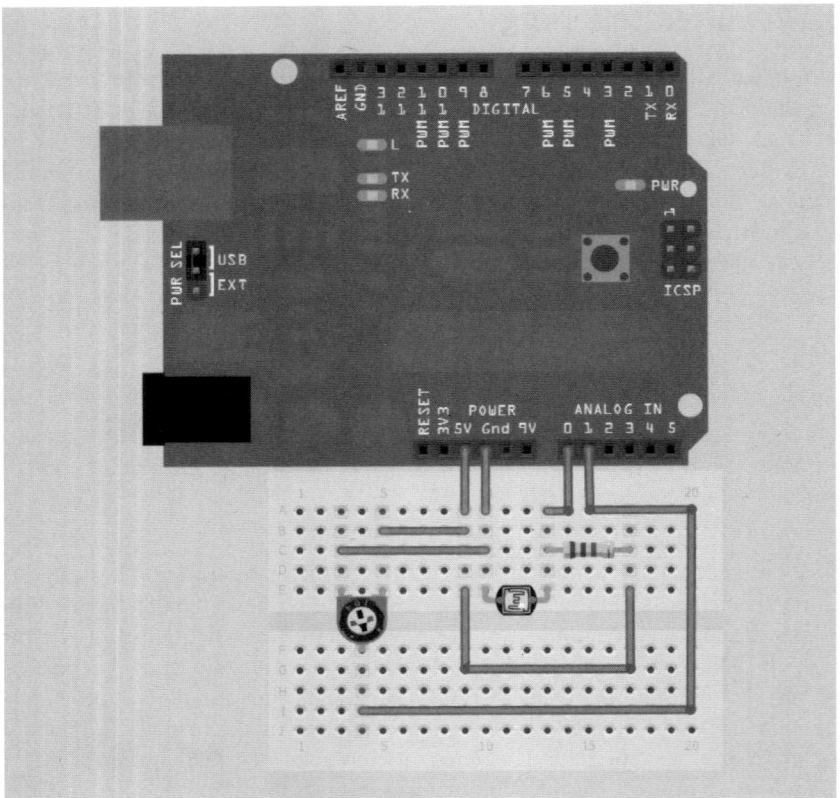

**Bild 10.16:** Schematischer Aufbau der Lüftersteuerung

**Verwendete Bauteile:**

1x Arduino/ Freeduino-Board

1x Steckbrett

1x LDR

1x Trimmerwiderstand 10 kΩ

1x Widerstand 68 kΩ

6x Schaltlitze ca. 5 cm Länge

1x Schaltlitze ca. 10 cm Länge

**Beispiel: Lüftersteurung.pde**

```
// Franzis Arduino
// Lüftersteuerung

int LED=13;
int LDR=0;
int Poti=1;
int cnt=0;

void setup()
{
  pinMode(LED,OUTPUT);
}

void loop()
{

  if(analogRead(LDR)<analogRead(Poti))cnt++;
  if(analogRead(LDR)>analogRead(Poti))cnt=0;

  if(cnt>300)
  {
    digitalWrite(LED,HIGH);
    do
    {
      delay(100);
    }while(analogRead(LDR)<analogRead(Poti));
    cnt=0;
    delay(10000);
    digitalWrite(LED,LOW);
  }

  delay(10);

}
```

Mit dem Potenziometer kann man die Lichtempfindlichkeit einstellen und so festlegen, ab wann die Schaltung Licht »ein« erkennt. Dreht man das Potenziometer mehr nach rechts, wird die Empfindlichkeit geringer.

## 10.15 Dämmerungsschalter

In der letzten Anwendung haben wir bereits den Fotowiderstand *LDR* kennengelernt. Eine weitere Applikation, die ebenfalls oft benötigt wird, ist ein *Dämmerungsschalter*. Sobald es dunkel ist, soll sich das Licht automatisch einschalten. Wir kennen das z. B. bei den Straßenlaternen. Wenn es morgens hell wird, schalten sie sich automatisch wieder aus.

Das Programm vergleicht den Wert am Analogeingang 0, an dem der LDR angeschlossen ist, mit zwei Werten: dem Hell- und dem Dunkel-Wert, die wir im Programm vorgegeben. Dadurch erhalten wir eine klare Ein-/Ausschalt-Hysterese, die dafür sorgt, dass kleine Lichtschwankungen dem Programm nichts anhaben können. Dadurch wird das Licht nicht sofort ein- bzw. wieder ausgeschaltet, wenn es kurz hell oder dunkel wird. Eine Wartezeit von mehreren Sekunden unterdrückt zuverlässig Störungen und macht das Programm robust gegen äußere Störfaktoren wie heranfahrende Autos mit eingeschaltetem Licht oder kurzes Abdecken des Sensors.

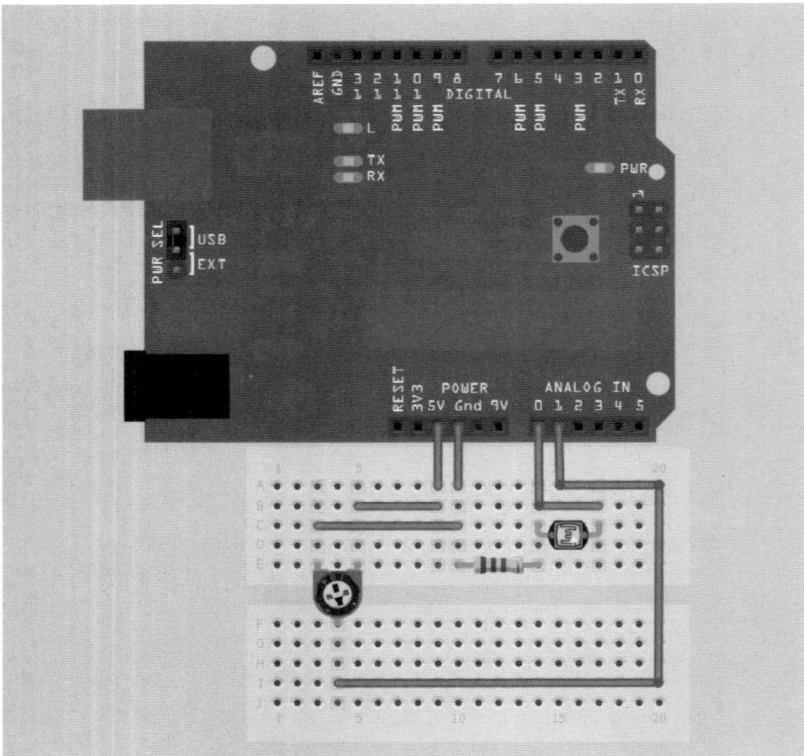

**Bild 10.17:** Schematischer Aufbau des Dämmerungsschalters

## 10.15 Dämmerungsschalter

Diese Schaltung ist ähnlich wie die der Lüftersteuerung, nur dass hier der Festwiderstand gegen Masse angeschlossen und der LDR gegen +5 V ist. Die Spannung am Analogeingang wird dadurch bei *Hell* größer und bei *Dunkel* kleiner.

**Verwendete Bauteile:**

1x Arduino/Freeduino-Board

1x Steckbrett

1x LDR

1x Trimmerwiderstand 10 kΩ

1x Widerstand 68 kΩ

5x Schaltlitze ca. 5 cm Länge

1x Schaltlitze ca. 10 cm Länge

**Beispiel: Daemmerungsschalter.pde**

```
// Franzis Arduino
// Dämmerungsschalter

int LED=13;
int LDR=0;
int Poti=1;
int cnt=0;

void setup()
{
  pinMode(LED,OUTPUT);
}

void loop()
{
  if(analogRead(LDR)>analogRead(Poti))cnt=0;
  if(analogRead(LDR)<analogRead(Poti))cnt++;

  if(cnt>300)
  {
    digitalWrite(LED,HIGH);
    do
    {
      delay(5000);
```

```
   }while(analogRead(LDR)<analogRead(Poti));
   cnt=0;
   digitalWrite(LED,LOW);
 }

 delay(10);

}
```

## 10.16 Alarmanlage

Mithilfe des lichtempfindlichen Widerstands *LDR,* den wir in den letzten beiden Experimenten bereits erfolgreich verwendet haben, kann man eine Alarmanlage bauen, die auf kleinste Lichtänderungen reagiert. Zu Beginn des Programms wird der aktuelle Spannungswert des LDR ermittelt, der als Mittelwert dient. Wird der Spannungswert durch eine Lichtänderung (z. B. vorbeigehende Person) größer oder kleiner und dadurch die Schwelle unter- oder überschritten, löst der Alarm aus. Da sich die Helligkeit im Raum bedingt durch den Tagesverlauf ändert, wird jede Minute automatisch ein neuer Wert (aktuelle Spannung) ermittelt, der als neuer Anhaltspunkt für die Messung dient.

## 10.16 Alarmanlage

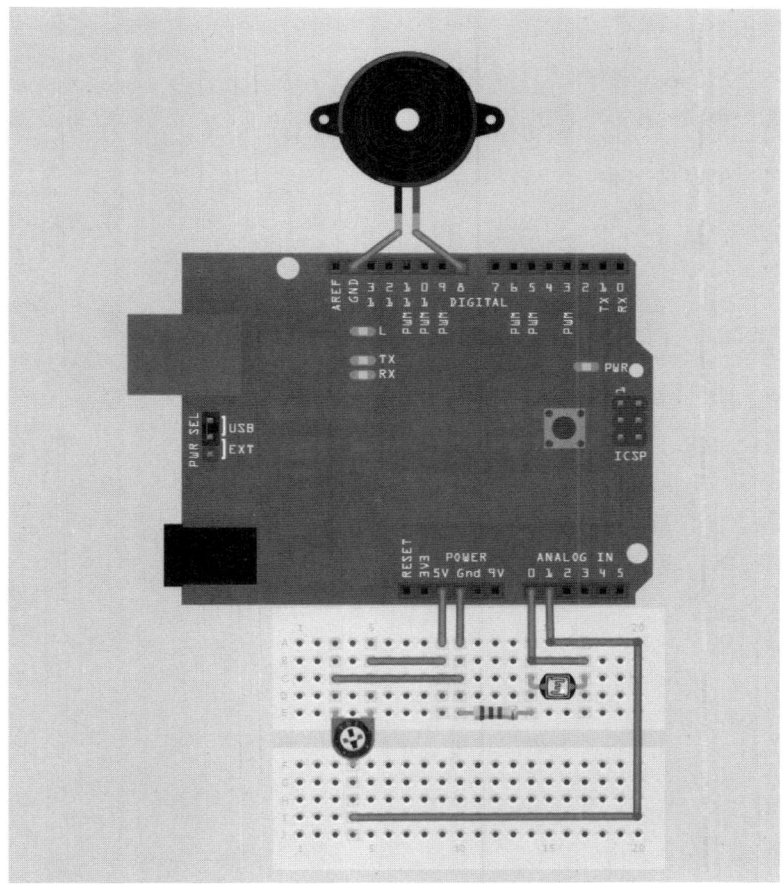

**Bild 10.18:** Schematischer Aufbau der Alarmanlage

**Verwendete Bauteile:**

1x Arduino/Freeduino-Board

1x Steckbrett

1x LDR

1x Trimmerwiderstand 10 kΩ

1x Piezo-Schallwandler

1x Widerstand 68 kΩ

5x Schaltlitze ca. 5 cm Länge

1x Schaltlitze ca. 10 cm Länge

**Beispiel: Alarmanlage.pde**

```
// Franzis Arduino
// Alarmanlage

int LED=13;
int LDR=0;
int Poti=1;
int Speaker=8;
int cnt=0;
int value,Schwelle=0;

void setup()
{
  pinMode(LED,OUTPUT);
  pinMode(Speaker,OUTPUT);
  value=analogRead(LDR);
}

void loop()
{

  cnt++;
  if(cnt>1000)
  {
    cnt=0;
    value=analogRead(LDR);
  }

  Schwelle=(analogRead(Poti)/10);
  if(value>(analogRead(LDR)+Schwelle)||value<analogRead(LDR-Schwelle))
  {
   digitalWrite(LED,HIGH);
   tone(Speaker,500);
   delay(2500);
```

```
  noTone(Speaker);
  digitalWrite(LED,LOW);
  value=analogRead(LDR);
  }

  delay(10);

}
```

## 10.17 Codeschloss

Es wäre kein richtiger Elektroniker und Programmierer, wer seine Werkstatt oder andere wichtige, nicht für jedermann zugängliche Räume mit einem Schlüssel verschließen würde, statt mit einem Mikrocontroller-Codeschloss. Da wir bereits geübte Arduino-Programmierer sind, bauen wir uns selbst ein Codeschloss! Das nun vorgestellte Schloss benötigt nur zwei Taster: die Taster *SW1 Pin 2* und *SW2 Pin 3* auf dem Experimentierboard. Um den Code einzugeben, müssen wir je nach Code-Ziffer z. B. Taster *SW1* zweimal und Taster *SW2* dreimal drücken. Das Drücken der Taster wird über die LED an Pin 4 (rot) und über den Piezo-Schallwandler bestätigt. Wurde der Code richtig eingegeben, wird die LED an Pin 5 (rot) für 5 Sekunden eingeschaltet. Haben wir uns vertippt, können wir die Eingabe durch längeres Drücken von Taster *SW2* wieder löschen: Die Löschung wird mit Blinken der LED an Pin 7 und Piepsen signalisiert. Anstelle der LED könnte man über einen Transistor einen Türöffner anschließen und man erhielte ein echtes Codeschloss zum Türöffnen.

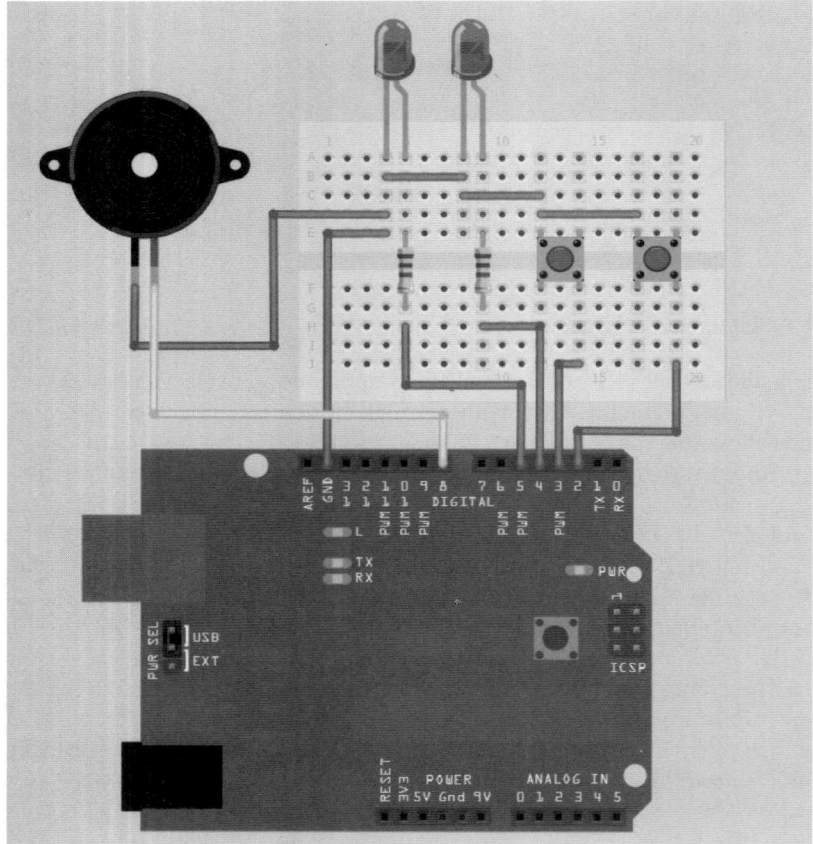

**Bild 10.19:** Schematischer Aufbau des Codeschlosses

**Verwendete Bauteile:**

1x Arduino/Freeduino-Board

1x Steckbrett

2x Taster

2x LED rot und grün

1x Piezo-Schallwandler

2x Widerstand 1,5 kΩ

7x Schaltlitze ca. 5 cm Länge

1x Schaltlitze ca. 10 cm Länge

## Beispiel: Codeschloss.pde

```
// Franzis Arduino
// Codeschloss

int LED_rot=4;
int LED_gruen=5;
int SW1=2;
int SW2=3;
int Buzzer=8;
int x,y,code1,code2,resetTimer=0;

void setup()
{

  pinMode(LED_rot,OUTPUT);
  pinMode(LED_gruen,OUTPUT);
  pinMode(Buzzer,OUTPUT);

  pinMode(SW1,INPUT);
  digitalWrite(SW1,HIGH);

  pinMode(SW2,INPUT);
  digitalWrite(SW2,HIGH);
  Clr_Code();

}

void loop()
{

  // Code 1 = 5
    if(!digitalRead(SW1))
    {
      delay(50);
      if(!digitalRead(SW1))
      {
        Blink();
        x++;
        if(x==5)
        {
          code1=true;
        }else code1=false;

        do{
        }while(!digitalRead(SW1));
```

```
      }
}


// Code 2 = 3
if(!digitalRead(SW2))
{
  delay(50);
  if(!digitalRead(SW2))
  {
    Blink();
    y++;
    if(y==3)
    {
      code2=true;
    }else code2=false;

    do
    {
      delay(50);
      resetTimer++;

      if(resetTimer>50)
      {
        Toggle_Flash();
        Clr_Code();
        break;
      }
    }while(!digitalRead(SW2));
    resetTimer=0;
  }
}

if(code1==true&&code2==true)
{
  digitalWrite(LED_gruen,HIGH);
  Clr_Code();
  delay(5000);
  digitalWrite(LED_gruen,LOW);
}
else
{
  digitalWrite(LED_gruen,LOW);
}
```

```
}
void Blink(void)
{
  digitalWrite(LED_rot,HIGH);
  tone(Buzzer,500,150);
  delay(200);
  digitalWrite(LED_rot,LOW);
}

void Toggle_Flash(void)
{
  int tog=0;
  for(x=0;x<6;x++)
  {
    if(tog==0)tog=1;else tog=0;
    digitalWrite(LED_rot,tog);
    tone(Buzzer,500,250);
    delay(300);
  }
}

void Clr_Code(void)
{
  x=0;
  y=0;
  code1=0;
  code2=0;
  resetTimer=0;
  delay(1000);
}
```

## 10.18 Kapazitätsmesser mit Autorange

Messgeräte mit geringsten Mitteln selbst zu bauen ist immer wieder interessant und spannend. Mit unserem Experimentierboard und dem Arduino C können wir mit geringstem Aufwand ein Kapazitätsmessgerät für kleine Kondensatoren im Bereich von 1 nF bis zu ca. 100 µF bauen. So funktioniert unser Kapazitätsmesser mit Autorange-Funktion: Zu Beginn der Messung wird die *C_time* mit Null geladen. Pin 12 wird als Ausgang konfiguriert und sofort auf Low-Pegel geschaltet, um den angeschlossenen Kondensator (Prüfling) vor der eigentlichen Messung zu entladen. Nach einer kurzen Entladepause von 1 Sekunde werden Pin 12 als Eingang konfiguriert und der interne Pull-up-Widerstand aktiviert.

## 182   Kapitel 10: Weitere Experimente mit Arduino

Dieser lädt den zu prüfenden Kondensator so weit auf, bis Pin 12 einen High-Pegel erkennt. Während der High-Pegel erkannt wird, verstreicht eine gewisse Zeit, die wir innerhalb der *do-while*-Schleife mit *C_time* messen. *C_time* ist proportional zur Kapazität des Kondensators, d. h., ist *C_time* sehr groß, ist auch die zu messende Kapazität sehr groß. Um nun einen richtigen Messwert zu erhalten, müssen wir die Variable noch umrechen (*C_time* • Faktor). Der Wert (Faktor) muss experimentell ermittelt werden, da die Erkennung eines High-Pegels von Controller zu Controller leicht unterschiedlich ausfällt. Zu guter Letzt wird der Messwert noch in Nanofarad (nF) und Mikrofarad (µF) aufgeteilt und am Terminal ausgegeben, bevor wieder eine neue Messung startet.

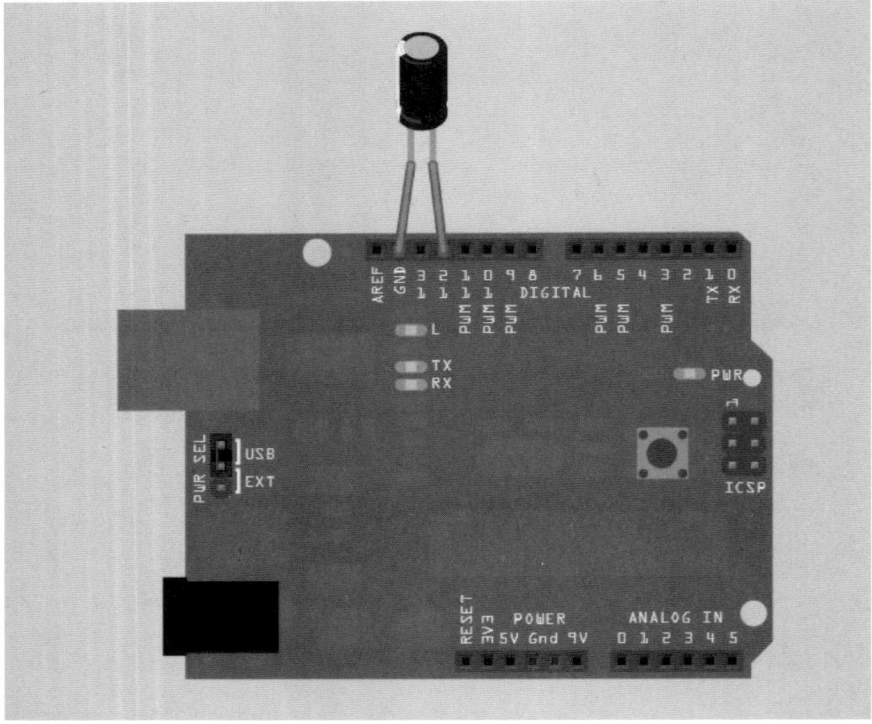

**Bild 10.20:** Schematischer Aufbau des Kapazitätsmessers

**Verwendete Bauteile:**

1x Arduino/Freeduino-Board

1x Prüfkondensator zwischen 1 nF und 100 µF min. 5 V

In der Bastelkiste finden Sie jetzt bestimmt einige »Prüfopfer«!

## 10.18 Kapazitätsmesser mit Autorange

**ACHTUNG:**
Achten Sie darauf, dass der zu prüfende Kondensator vor der Messung bereits entladen wurde. Die Energie eines geladenen Kondensators kann den Mikrocontroller zerstören!

**Beispiel: Kapazitaetsmessgeraet.pde**

```
// Franzis Arduino
// Autorange Kapazitätsmessgerät 1 nF bis 100 µF

int messPort=12;
float c_time=0.0;
float kapazitaet=0.0;

void setup()
{
  Serial.begin(9600);
  Serial.println("Autorange Kapazitaetsmessgeraet 1 nF ... 100uF");
  Serial.println();
}

void loop()
{
  pinMode(messPort,OUTPUT);
  digitalWrite(messPort,LOW);
  c_time=0.0;
  delay(1000);

  pinMode(messPort,INPUT);
  digitalWrite(messPort,HIGH);

  do
  {
     c_time++;
  }while(!digitalRead(messPort));

  kapazitaet=(c_time*0.042)*10.0;

  if(kapazitaet<999)
  {
    Serial.print(kapazitaet);
    Serial.println("nF");
  }
  else
  {
```

```
    kapazitaet=kapazitaet/1000;
    Serial.print(kapazitaet);
    Serial.println("uF");
  }

  delay(1000);

}
```

## 10.19 Potenziometer professionell auslesen

Wie man ein Potenziometer über den Befehl *analogRead()* ausliest, haben Sie bereits erfahren. Bei manchen Aufgaben ist diese Methode jedoch nicht ideal, da die letzte zu messende Stelle (Digit) ständig auf und ab springt. Das hat zum einen damit zu tun, dass der ADC einen bestimmten Digit-Fehler aufweist. Zum anderen liegt es daran, dass ein Potenziometer in der Regel relativ ungenau ist und zudem noch einer sogenannten *Drift* unterliegt. Um dies zu unterbinden, kann man wieder auf eine Hysteresen-Funktion zurückgreifen. Der Wert wird nur dann aktualisiert, wenn die letzte zu messende Stelle einen vorgegebenen Wert über- oder unterschreitet. Das Beispiel gibt zudem auch nur den gemessenen Wert am Terminal aus, wenn er sich vom vorhergehenden unterscheidet. Also immer, wenn man deutlich am Poti dreht, wird der Messwert am Terminal ausgegeben.

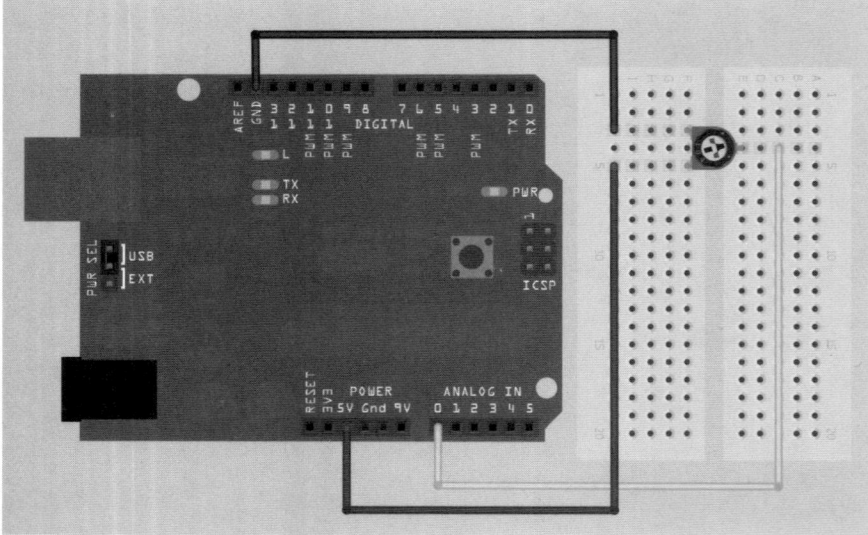

**Bild 10.21:** Schematischer Aufbau

## 10.19 Potenziometer professionell auslesen

**Verwendete Bauteile:**

1x Arduino/Freeduino-Board

1x Steckbrett

1x Trimmwiderstand 10 kΩ

3x Schaltlitze ca. 10 cm Länge

**Beispiel: Poti.pde**

```
// Franzis Arduino
// Poti einlesen

int Poti=0;
int raw,raw_last,raw_min,raw_max=0;
int hysterese=10;

void setup()
{
  Serial.begin(9600);
  Serial.println("Potenziometer professionell auslesen");
  Serial.println();
}

void loop()
{
  raw=analogRead(Poti);
  raw_min=raw_last-hysterese;
  raw_max=raw_last+hysterese;

  if((raw!=raw_last))
  {
    if((raw>raw_max)||(raw<raw_min))
    {
      Serial.println(raw);
      raw_last=raw;
    }
  }
}
```

## 10.20 Sensortaster

Manche Geräte reagieren wie von Geisterhand auf Berührung mit Fingern. Man berührt die Fläche, ohne dabei einen mechanischen Schalter oder Taster zu betätigen, und das Gerät schaltet sich ein oder aus, wird lauter oder leiser – je nach Funktion. Sensortaster sorgen für diesen futuristischen Schalt- oder Regelvorgang. Solche Sensortaster kann man mithilfe der Analogeingänge selbst programmieren. Die Analogeingänge sind so hochohmig, dass sie auf einfache Berührung mit den Fingern bereits einen deutlichen Wert (Spannung) messen. Diesen Effekt kann man sich zunutze machen.

Berührt man nach dem Aufspielen des Programms den Analogeingang 0, kann man durch einmaliges Tippen die LED *L* ein- und mit einem weiteren Tippen wieder ausschalten. Die Schwelle für *Ein* wurde hier auf den Wert 50 gelegt und für *Aus* auf 5.

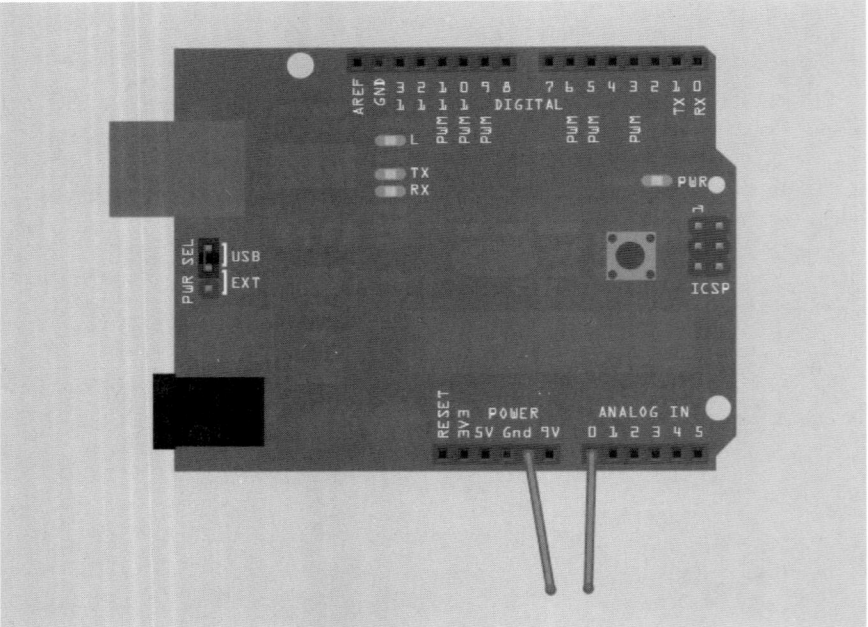

**Bild 10.22:** Schematischer Aufbau der Sensortaste

**Verwendete Bauteile:**
1x Arduino/Freeduino-Board

2x Schaltdraht ca. 10 cm Länge

**Beispiel: Sensor_Taster.pde**

```
// Franzis Arduino
// Sensor Taste

int LED=13;
int Sensor=0;
int Flag1,Flag2,tog=0;

void setup()
{
  pinMode(LED,OUTPUT);
}

void loop()
{

 if((analogRead(Sensor)>50)&&(!Flag2))
 {
   delay(50);
   if((analogRead(Sensor)>50)&&(!Flag2))
   {
     if(!tog)tog=1;else tog=0;
     Flag1=tog;
     Flag2=1;
   }
 }
 else
 {
   if((analogRead(Sensor)<5)&&(Flag2))
   {
     delay(50);
     if((analogRead(Sensor)<5)&&(Flag2))
     {
        Flag2=0;
     }
   }
 }


 if(!Flag1)digitalWrite(LED,LOW);
 if(Flag1)digitalWrite(LED,HIGH);

}
```

## 10.21 State Machine

Eine *State Machine* (Zustandsmaschine) ist ein Softwarekonzept, das eine abstrakte Maschine zum Vorbild nimmt, die über einen internen Zustand verfügt. Die Maschine arbeitet, indem sie von einem Zustand in einen anderen übergeht und dabei Aktionen ausführt. So ergibt sich der Folgezustand aus dem momentanen Zustand. Die Maschine selbst wird über eine Taktung angetrieben, kann also nicht in beliebig kurzen Zeitspannen auf Ereignisse reagieren. In jedem Takt wird anhand des vorliegenden Zustands und des Status der Eingabekanäle entschieden, welcher Zustand als Nächstes vorliegen soll und welche Aktionen auszuführen sind.

Die abstrakte Beschreibung einer State Machine ist auf mehrere Arten möglich. Zum einen kann sie in Form einer Tabelle beschrieben werden, aber auch eine grafische Darstellung der Zustände und deren Abhängigkeiten in Form eines Zustandsdiagramms ist möglich.

Am einfachsten lässt sich die State Machine mithilfe einer kleinen Ampel darstellen.

**Lichtsignale einer Ampel:**

1. rot
2. rot/gelb
3. grün
4. gelb
5. rot

Der erste Zustand einer Ampel ist *rot*, nach einer vorgegebenen Wartezeit springt die Ampel auf *gelb*, dabei bleibt aber *rot* noch erhalten. Der Übergang zwischen *rot/gelb* ist relativ kurz, und es folgt die Umschaltung auf *grün*. Nach dem Fahrsignal *grün* springt die Ampel wieder auf *gelb* und danach wieder auf *rot*. In unserem Beispiel gibt der vorhergehende Zustand den nächsten vor (Statuswechsel). Der zeitliche Verlauf wird über *delay()* in der *main loop()* bestimmt.

## 10.21 State Machine

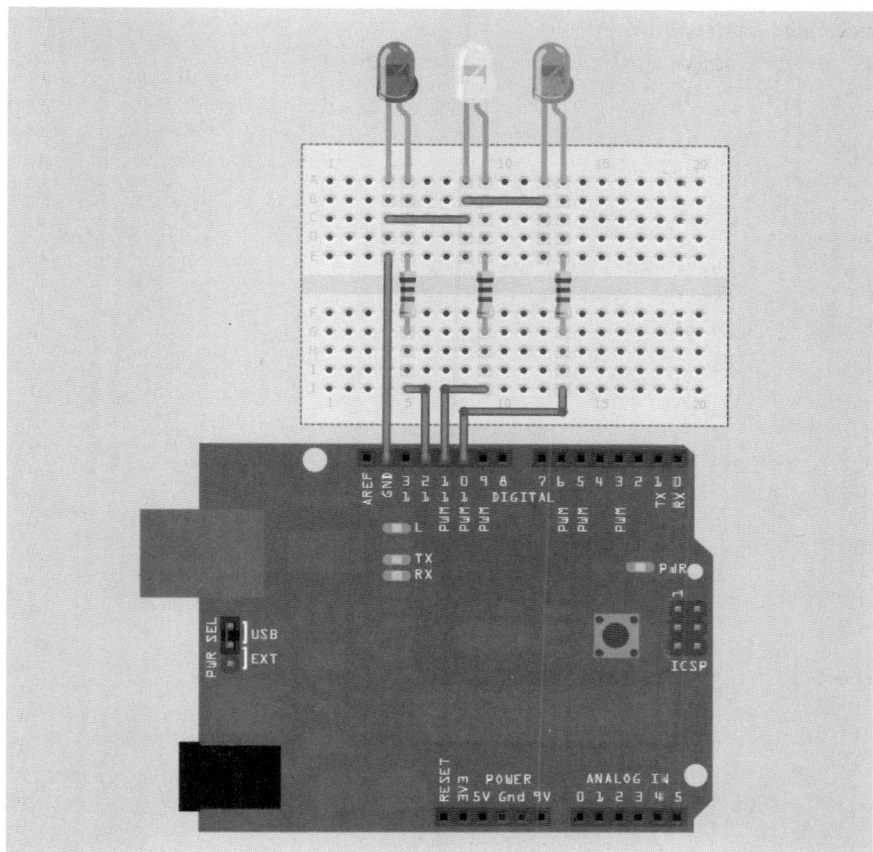

**Bild 10.23:** Schematischer Aufbau der Ampelschaltung

**Verwendete Bauteile:**

1x Arduino/Freeduino-Board

1x Steckbrett

1x LED rot

1x LED gelb

1x LED grün

3x Widerstand 1,5 kΩ

5x Schaltdraht ca. 5 cm Länge

1x Schaltlitze ca. 10 cm Länge

## Beispiel: Statemaschine.pde

```
// Franzis Arduino
// State Maschine (Ampel)

int LEDrot=12;
int LEDgelb=11;
int LEDgruen=10;
int cnt=0;
int state=1;

void setup()
{
  pinMode(LEDrot,OUTPUT);
  pinMode(LEDgelb,OUTPUT);
  pinMode(LEDgruen,OUTPUT);
}

void loop()
{
  cnt++;
  if(cnt==100)
  {
    cnt=0;
    Statemaschine();
  }

  delay(10);
}

void Statemaschine(void)
{

  switch(state)
  {
    case 1:
    digitalWrite(LEDrot,HIGH);
    digitalWrite(LEDgelb,LOW);
    digitalWrite(LEDgruen,LOW);
    state++;
    break;

    case 2:
    digitalWrite(LEDrot,HIGH);
    digitalWrite(LEDgelb,HIGH);
    digitalWrite(LEDgruen,LOW);
```

```
      state++;
      break;

    case 3:
      digitalWrite(LEDrot,LOW);
      digitalWrite(LEDgelb,LOW);
      digitalWrite(LEDgruen,HIGH);
      state++;
      break;

    case 4:
      digitalWrite(LEDrot,LOW);
      digitalWrite(LEDgelb,HIGH);
      digitalWrite(LEDgruen,LOW);
      state=1;
      break;
  }
}
```

## 10.22 Ein 6-Kanal-Voltmeter mit Arduino

Wer Messdaten auf dem PC visualisieren möchte, kann dies mit dem hier vorgestellten Beispiel tun. Um den PC-Quellcode selbst zu bearbeiten und zu erweitern, benötigen Sie die *Visual Basic Express Version 2008*, die Sie bei Microsoft kostenlos downloaden können. Das Arduino-Programm liest den Analogeingang 0 bis 5 ein und sendet die Daten an den PC. Das kleine PC-Programm empfängt die Daten über USB (USB-zu-UART-Brücke), wertet sie aus und zeigt sie am Bildschirm an. Die ADC-Messwerte werden zudem noch in Volt umgerechnet. Das Programm zeigt, wie man eine Datenübertragung gestalten könnte.

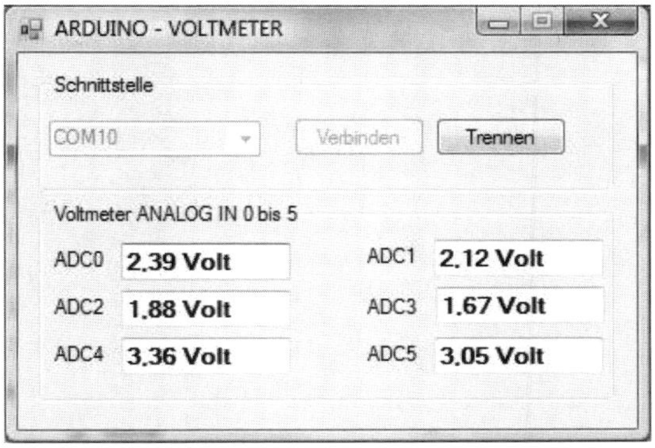

**Bild 10.24:** Das VB.NET-6-Kanal-Voltmeter

Das Programm liest zuerst alle ADC-Kanäle des Mikrocontrollers ein und speichert die Messwerte als Integer-Variable in einem Array *Adc_raw()*. Der zweite Schritt ist, die Word-Variablen aus dem Array in ein High- und Lowbyte zu zerlegen. Danach wird zuerst das Highbyte und dann das Lowbyte an den PC geschickt. Zur Überprüfung, ob das Datenpaket Fehler enthält, wird eine Checksumme (CRC) mittels *XOR*-Bildung aus einer festen Variablen und dem High- und Lowbyte gebildet und an den PC übertragen. Dieser Vorgang wird so lange wiederholt, bis alle 6 Kanäle zum PC übertragen worden sind. Das *VB.NET*-Programm liest die einzelnen Bytes ein und speichert diese ebenfalls in einen Daten-Array ab. High- und Lowbyte werden dann wieder zusammengefügt und es entsteht wieder der ursprüngliche ADC-Wert. Das *VB.NET* -Programm errechnet auf die gleiche Weise wie das Arduino-Programm die Checksumme, nur dieses Mal mit den Daten, die der PC empfangen hat. Stimmt die empfangene Checksumme mit der errechneten überein, wird der Messwert in der Textbox angezeigt. Stimmt das Ergebnis nicht, wird der Messwert nicht aktualisiert.

**Beispiel: Voltmeter.pde**

```
// Franzis Arduino
// 6-Kanal-Voltmeter

int LED=13;
char startbyte=0;
int highbyte=0;
int lowbyte=0;
int adc_raw[6];
int adc_cnt=0;
int cnt=0;
int crc=0;

void setup()
{
  Serial.begin(9600);
  pinMode(LED,OUTPUT);
}

void loop()
{

  startbyte=Serial.read();
  if(startbyte==42)
  {
    digitalWrite(LED,HIGH);
    delay(50);
    digitalWrite(LED,LOW);
```

```
  delay(50);

  Serial.flush();
  for(cnt=0;cnt<6;cnt++)
  {
    adc_raw[cnt]=analogRead(adc_cnt);
    adc_cnt++;
  }
  adc_cnt=0;

  for(cnt=0;cnt<6;cnt++)
  {
    highbyte=adc_raw[cnt]/256;
    lowbyte=adc_raw[cnt]%256;
    Serial.write(highbyte);
    Serial.write(lowbyte);
  }

  crc=170^highbyte^lowbyte;
  Serial.write(crc);

}
}
```

## 10.23 Spannungs-Plotter selbst programmiert

In diesem Beispiel verwenden wir den Analogeingang als analogen Messwertschreiber. Die Datenübertragung ist genauso gestaltet wie bei dem vorhergehenden Beispiel (6-Kanal-Voltmeter). Der ADC-Messwert, den wir in unserem Programm als Integer-Varible abspeichern, wird wieder in ein High- und ein Lowbyte zerlegt und über die UART-Schnittstelle an den PC gesandt.

**High- und Lowbyte bilden:**
Highbyte = RAW / 256
Lowbyte = RAW % 256

Um das Highbyte zu erhalten, wird der ADC-Messwert durch 256 dividiert, was immer einem Byte entspricht. Das Ergebnis ist die Anzahl (n) von 256. Um den Rest zu erhalten, wendet man die Modulo(%)-Operation an und es bleiben nun die unteren 8 Bit (LSB) übrig.

> **Beispiel:**
> Der Wert 766 soll in ein High- und Lowbyte zerlegt werden. Nach obiger Rechnung erhält man folgende Werte:
> Highbyte = 2
> Lowbyte = 254

Um nun aus dem High- und Lowbyte wieder die Zahl 766 herzustellen, muss man das Highbyte mit 256 multiplizieren und 254 hinzuaddieren und das Ergebnis ist wieder 766!

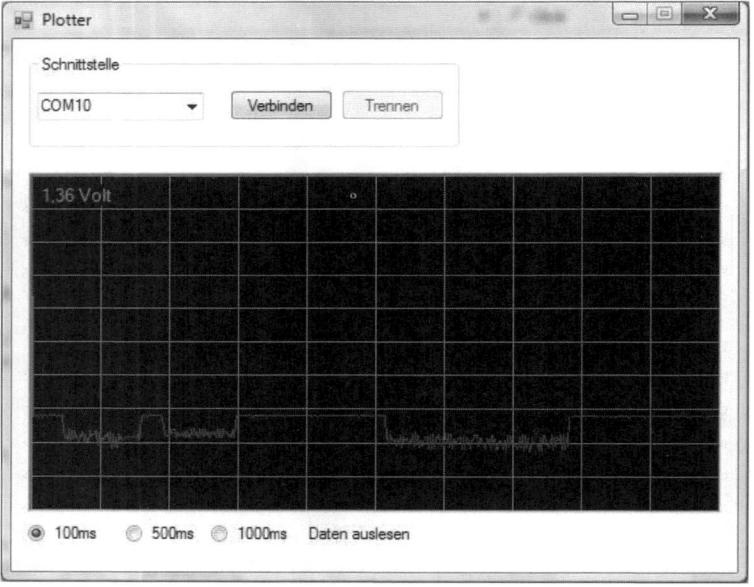

**Bild 10.25:** Das Spannungsplotter *VB.NET*-Programm

Das Programm *Spannungsplotter* zeichnet die Messwerte in den Intervallen 100 ms, 500 ms und 1.000 ms auf. Das *VB.NET*-Programm sendet dazu in den vorgegebenen Intervallen ein Startbyte (55) an das Arduino-Mikrocontrollerboard. Sobald dieses das Startbyte empfangen hat, beginnt die Messung und Arduino sendet den Messwert und die Checksumme an das *VB.NET*-Programm zurück. Dieses rechnet die beiden Bytes wieder in den Messwert um und zeichnet den Wert in die Picturebox des Programms. Diese Art von Aufzeichnung können wir für die verschiedensten Anwendungen verwenden. Gute Beispiele sind z. B. die Aufzeichnung von Temperaturen, dem Akkuspannungsverlauf beim Laden/Entladen, der Spannungsüberwachung usw.

## 10.23 Spannungs-Plotter selbst programmiert

**TIPP:**
Sie können mit den LEDs einen kleinen Helligkeitsplotter bauen. Stecken Sie die Anode in die Buchsenleiste des Analogeingangs 0 und die Kathode in den GND-Anschluss. Wenn Sie jetzt die LED anleuchten oder abdunkeln, ändert sich die Spannung. Sie können nun versuchen, die Skalierung der Amplitude (Spannungshöhe) im Plotter auf Ihre LED anzupassen.

**Beispiel: Plotter.pde**

```
// Franzis Arduino
// Spannungsplotter

char startbyte=0;
int highbyte=0;
int lowbyte=0;
int adc=0;
int crc=0;

void setup()
{
  Serial.begin(9600);
}

void loop()
{
  startbyte=Serial.read();
  if(startbyte==55)
  {
    Serial.flush();
    adc=analogRead(0);
    highbyte=adc/256;
    lowbyte=adc%256;
    Serial.write(highbyte);
    Serial.write(lowbyte);
    crc=170^highbyte^lowbyte;
    Serial.write(crc);
  }
}
```

## 10.24 Das Arduino-Speicheroszilloskop

Wenn man schnelle Signale bis zu etwa 5 kHz messen möchte, muss man andere Wege gehen, um sie aufzuzeichnen. Dazu muss man zuerst wieder ein Datenarray anlegen, in dem man 255 Messwerte ablegen kann. Eine Schleife, die von 1 bis 256 zählt, misst bei jedem Durchlauf einmal am Analogeingang und schreibt den aktuellen Wert in das Array. Die Messung beginnt immer mit einem Startbyte (55), das vom PC aus gesendet werden muss. Ist die Messung abgeschlossen, wird der Inhalt des Arrays an das *VB.NET-Programm* übermittelt. Die Aufteilung von High- und Lowbyte erfolgt wieder auf die bereits bekannte Weise. Das *VB.NET-Programm* wertet die Daten aus und zeichnet den Spannungsverlauf in die Picturebox. Auf diese Art erhält man ein kleines Speicheroszilloskop, das es erlaubt, ein niederfrequentes Signal zu analysieren. Wenn man höhere Spannungen als 5 V DC messen möchte, muss man noch einen Spannungsteiler vor den Analogeingang schalten. Wenn man keine passende Signalquelle (Funktionsgenerator) zur Verfügung hat, kann man den 50-Hz-Brumm sichtbar machen. Dazu steckt man ein Stück Draht in den Analogeingang 0 und hält einfach den Finger daran.

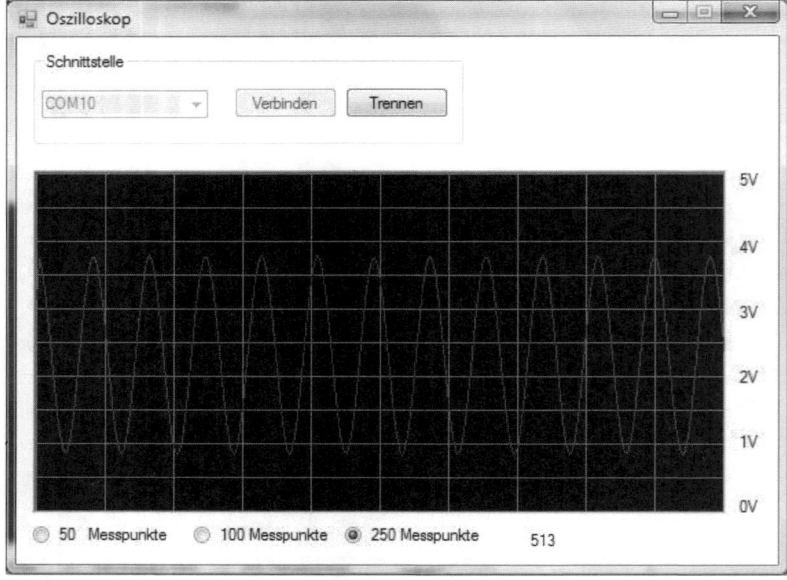

**Bild 10.26:** *VB.NET*-Speicheroszilloskop

Alternativ kann man ein Stück Draht an den Analogeingang anschließen. Dann kann man sogar sehen, wie sich die Hand nähert. Der Analogeingang ist so hochohmig, dass die kleinsten Spannungsänderungen sichtbar werden. Vielleicht liegt in Ihrer Bastelkiste noch ein ausgedientes dynamisches Mikrofon herum. Dieses an das Oszilloskop angeschlossen, zeigt deutlich die Schwingungen der Mikrofonspule.

**Beispiel: Oszi.pde**

```
// Franzis Arduino
// Oszilloskop

char startbyte=0;
int highbyte=0;
int lowbyte=0;
int adc[256];
int cnt=0;
int crc=0;

void setup()
{
  Serial.begin(115200);
}

void loop()
{

  startbyte=Serial.read();
  if(startbyte==55)
  {
    Serial.flush();

    for(cnt=0;cnt<256;cnt++)
    {
      adc[cnt]=analogRead(0);
    }

    for(cnt=0;cnt<256;cnt++)
    {
      highbyte=adc[cnt]/256;
      lowbyte=adc[cnt]%256;
      Serial.write(highbyte);
      Serial.write(lowbyte);
    }
    crc=170^highbyte^lowbyte;
    Serial.write(crc);
  }
}
```

## 10.25 StampPlot, der Profi-Datenlogger zum Nulltarif

*StampPlot* ist ein Programm zum Plotten, Anzeigen, Protokollieren und Kontrollieren der seriellen Daten aus einem Mikrocontroller. In den vorhergehenden Kapiteln wurde beschrieben, wie man unter VB.NET seine eigenen Programme zur Datenaufzeichnung (Oszilloskop, Spannungsplotter usw.) realisieren kann. StampPlot spielt in einer weitaus höheren Klasse und bietet unzählige Funktion zur Datenaufzeichnung und Messwertinterpretation an.

In unserem Beispiel nehmen wir zuerst den Spannungsverlauf am Analogeingang 0 auf, an dem z. B. ein Potenziometer angeschlossen ist. Bevor es jedoch so weit ist, müssen wir das Programm *StampPlot* installieren. Das Programm finden Sie auf der CD-ROM im Ordner *Software*. Starten Sie nach der Installation das Programm und klicken Sie einmal auf eine der vorgegebenen Anzeigemöglichkeiten.

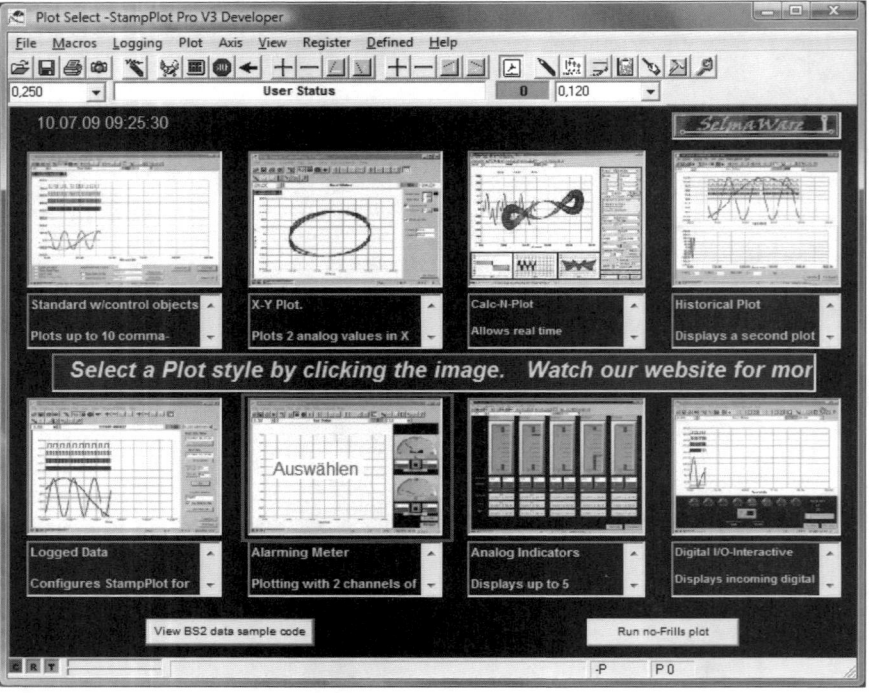

**Bild 10.27:** StampPlot »Plot style«-Auswahl

Nach der Auswahl eines Graphen müssen Sie zuerst die serielle Schnittstelle konfigurieren, an der das Experimentierboard angeschlossen ist. Auf dem Board ist ein USB-zu-UART-Brückenchip verbaut, der uns einen virtuellen Comport zur

## 10.25 StampPlot, der Profi-Datenlogger zum Nulltarif

Verfügung stellt. Man muss also nur den gleichen COM-PORT auswählen, den man bei Arduino zur Programmierung und zur Terminalausgabe vergeben hat.

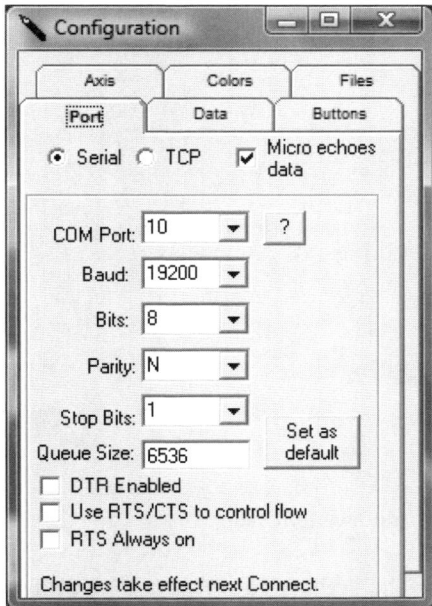

**Bild 10.28:** *StampPlot*-Konfiguration

Nachdem man das Arduino-Programm auf den Mikrocontroller übertragen hat, bleiben 10 Sekunden, um StampPlot mit der seriellen Schnittstelle zu verbinden. Alternativ kann man auch die *Reset*-Taste drücken.

## Kapitel 10: Weitere Experimente mit Arduino

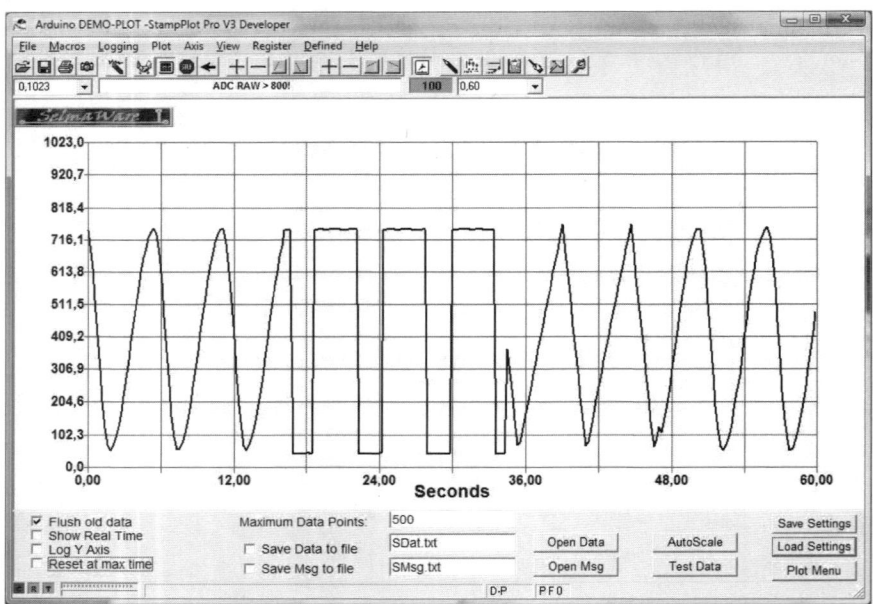

**Bild 10.29:** Das Programm StampPlot bei der Messwerterfassung

Nachdem StampPlot mit dem Mikrocontroller verbunden wurde und 10 Sekunden verstrichen sind, startet die Aufzeichnung. Zuerst sendet der Mikrocontroller eine Information an StampPlot, die angibt, wie die Aufzeichnung aussehen soll. In dieser Information werden diverse Einstellungen wie Graph-Reset, Titel, Datenpunkte, Auflösung usw. mitgeteilt.

Danach beginnen die Messung und die Übertragung der Daten an StampPlot. Wer sich genauer mit StampPlot auseinandersetzen möchte, sollte einen Blick auf die Homepage werfen und das Manual studieren. StampPlot ist äußerst umfangreich und man könnte ein eigenes Buch darüber verfassen. Diese kleine Einführung zeigt lediglich den Weg in die richtige Richtung und erleichtert den Einstieg etwas.

**Beispiel: Stampplot.pde**

```
// Franzis Arduino
// StampPlot-Datenschreiber

int LED=13;
int adc0=0;

void setup()
{
  Serial.begin(19200);
```

## 10.25 StampPlot, der Profi-Datenlogger zum Nulltarif

```
   pinMode(LED,OUTPUT);

   delay(10000);

   // StampPlot Einstellungen senden
   Serial.println("!RSET");              // Reset plot To clear data
   Serial.println("!TITL Arduino DEMO-PLOT"); // Caption form
   Serial.println("!PNTS 300");          // 1000 sample data points
   Serial.println("!TMAX 60");           // Max 60 seconds
   Serial.println("!SPAN 0,1023");       // 0-1023 Span
   Serial.println("!AMUL 1");            // Multiply data by 1
   Serial.println("!DELD");              // Delete Data File
   Serial.println("!SAVD ON");           // Save Data
   Serial.println("!TSMP ON");           // Time Stamp On
   Serial.println("!CLMM");              // Clear Min/Max
   Serial.println("!CLRM");              // Clear Messages
   Serial.println("!PLOT ON");           // Start Plotting
   Serial.println("!RSET");              // Reset plot To time 0
}

void loop()
{
   adc0=analogRead(0);
   Serial.print(adc0);
   Serial.write(13);

   if(adc0>700)
   {
      Serial.println("!USRS ADC RAW > 800!");
      Serial.println("ADC RAW ist größer 800");
      digitalWrite(LED,HIGH);
   }

   if(adc0<150)
   {
      Serial.println("!USRS ADC RAW < 250!");
      Serial.println("ADC RAW ist kleiner 150");
      digitalWrite(LED,LOW);
   }

   delay(200);
}
```

## 10.26 Steuern über VB.NET

Nun wird gezeigt, wie man Daten vom PC zum Mikrocontroller sendet und sie im Mikrocontroller auswerten kann. Das *VB.NET*-Beispielprogramm sendet dazu ein einziges Byte an den Controller. Man könnte mit diesem einzigen Byte bereits 255 Ausgänge ansteuern. Auch einen Analogausgang könnte man damit verändern. Das Beispiel ist extra einfach gehalten und verwendet keine Prüfsumme bei der Übertragung. Aber dies ist wieder eine Herausforderung für Sie! Versuchen Sie das Programm so abzuändern, dass es eine LED in der Helligkeit über einen Analogausgang ändern kann und Sie die restlichen I/O-Ports ansteuern können. Natürlich sollte dann auch noch eine Prüfsumme (CRC) mit eingebaut werden, wie wir sie bereits beim Daten-Plotter oder dem Oszilloskop verwendet haben.

**Bild 10.30:** *VB.NET-Programm zum Steuern der I/O-Ports*

## 10.26 Steuern über VB.NET

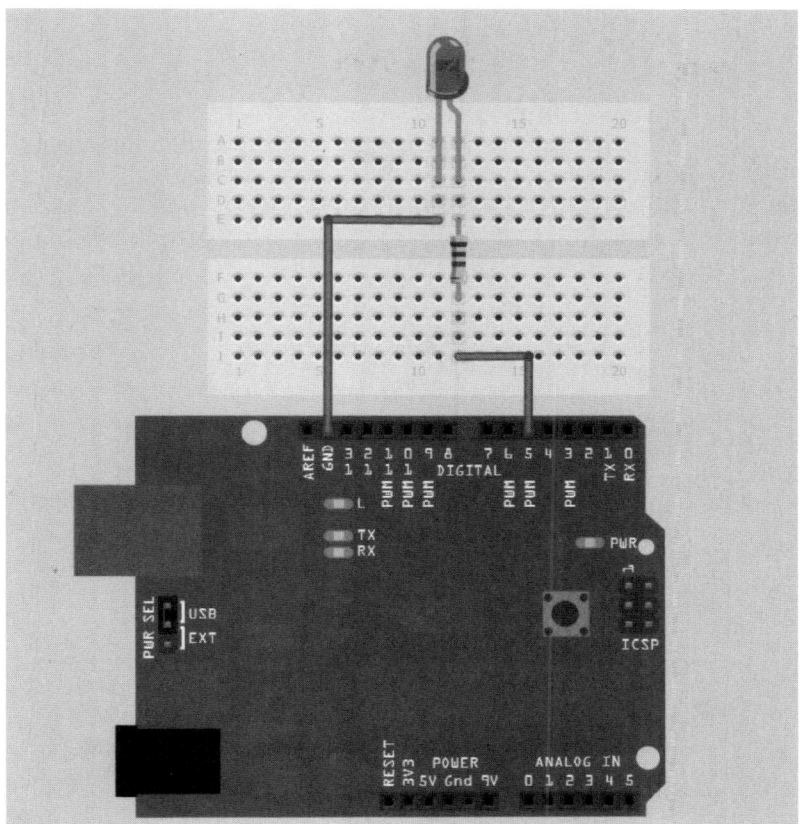

**Bild 10.31:** Schematischer Aufbau

**Verwendete Bauteile:**

1x Arduino/Freeduino-Board

1x Steckbrett

1x LED rot

1x Widerstand 1,5 kΩ

2x Schaltdraht ca. 5 cm Länge

**Beispiel: Ports.pde**
```
// Franzis Arduino
// Ports über DOT.NET steuern

int LED=13;
```

```
int IO_5=5;
int input=0;

void setup()
{
  Serial.begin(9600);
  pinMode(LED,OUTPUT);
  pinMode(IO_5,OUTPUT);
}

void loop()
{

  input=Serial.read();

  switch(input)
  {
    case 10:
    digitalWrite(LED,HIGH);
    break;

    case 20:
    digitalWrite(LED,LOW);
    break;

    case 30:
    digitalWrite(IO_5,HIGH);
    break;

    case 40:
    digitalWrite(IO_5,LOW);
    break;


    case 100:
    digitalWrite(LED,LOW);
    digitalWrite(IO_5,LOW);
    break;

  }
}
```

## 10.27 Temperaturschalter

Dieses Experiment zeigt, wie man mittels einer kleinen Siliziumdiode einen Temperaturschalter bauen kann. Die Durchlassspannung (Vf) ändert sich mit der Umgebungstemperatur. Steigt die Temperatur, sinkt Vf, wenn die Temperatur fällt, steigt Vf. Diese Spannung kann man mit einem ADC-Eingang messen und damit einen Temperaturschalter realisieren.

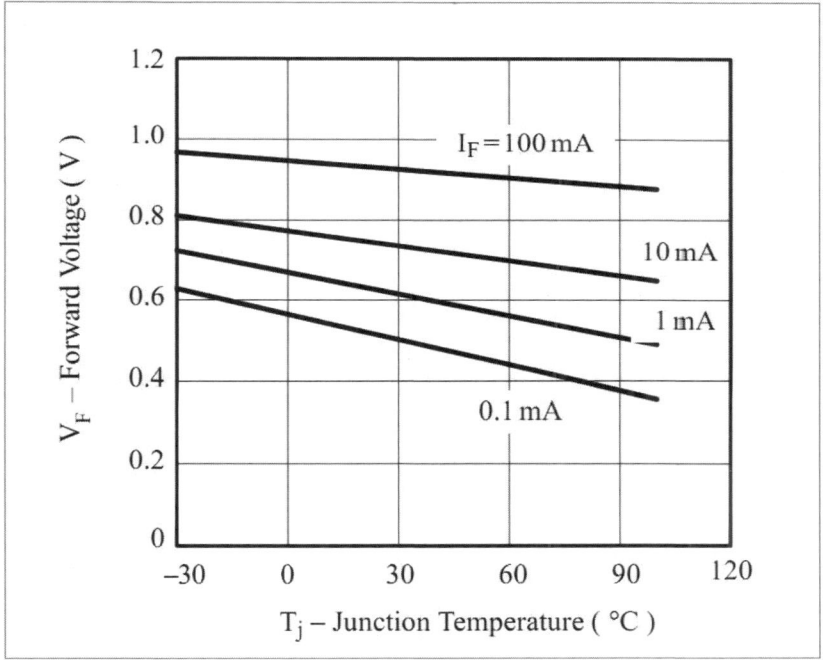

**Bild 10.32:** Zusammenhang zwischen der Umgebungstemperatur und der Durchbruchspannung *Vf* bei vorgegebenen Strömen (Quelle: Datenblatt Visay)

Die Änderung ist jedoch relativ gering, sodass mit dem 10-Bit-ADC des Arduino-Mikrocontrollers nur ein Temperaturschalter verwirklicht werden kann. Mithilfe eines kleinen Messverstärkers (Operationsverstärker) könnte man jedoch den Bereich aufspreizen und ein Thermometer verwirklichen.

Das Beispiel schaltet die LED *L* ein, sobald die Temperatur unter der Schwelle liegt. Sie können nun die Diode mit einem Feuerzeug vorsichtig erwärmen. Die LED wird dann ausgehen.

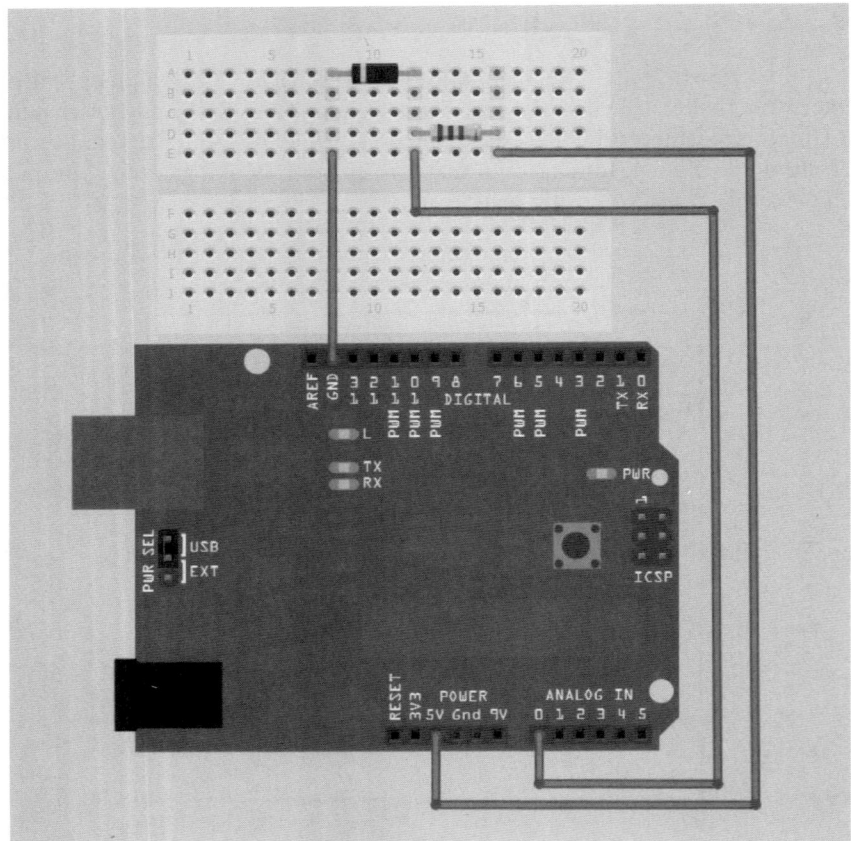

**Bild 10.33:** Schematischer Aufbau des Temperaturschalters mit Diode 1N4148

**Verwendete Bauteile:**
1x Arduino/Freeduino-Board

1x Steckbrett

1x Diode 1N4148

1x Widerstand 47 kΩ

1x Schaltdraht ca. 5 cm Länge

2x Schaltdraht ca. 10 cm Länge

**Beispiel: Temperaturschalter.pde**

```
// Franzis Arduino
// Temperaturschalter

int LED=13;
int Uf=0;

void setup()
{
  Serial.begin(9600);
  pinMode(LED,OUTPUT);
}

void loop()
{

  Uf=analogRead(0);
  Serial.print("Uf = ");
  Serial.println(Uf);

  if(Uf>40)digitalWrite(LED,HIGH);
  if(Uf<20)digitalWrite(LED,LOW);

  delay(250);

}
```

Die Durchbruchspannung (Vf) wird am Terminal ausgegeben. Sie können nun die Spannung bei Zimmertemperatur ablesen. Die Schwellwerte kann man frei anpassen oder auch umdrehen. So erhält man eine temperaturgesteuerte Lüftersteuerung.

# 11 Der I²C-Bus

**Bild 11.1:** Der I²C-Bus, auch *IIC* genannt, ist ein eingetragenes Warenzeichen der Firma Philips.

Der I²C-Bus (Inter-integrated Circuit) ist ein serieller synchroner Zweidraht-Bus, der in den 80er-Jahren von Philips für die interne Verbindung zwischen Baugruppen und ICs entwickelt worden ist. Trotz seines hohen Alters hat er bis heute nicht an Bedeutung verloren. Ganz im Gegenteil: Er wird sogar gern überall dort eingesetzt, wo an Leiterbahnen und Verdrahtung gespart werden muss – sei es aus Kostengründen oder aus Platzmangel. Ein weiterer großer Vorteil des I²C-Busses ist die einfache Ansteuerung. Da keine festen Taktzeiten eingehalten werden müssen, können sowohl langsame als auch sehr schnelle Busteilnehmer, Chips und Programmiersprachen eingesetzt werden.

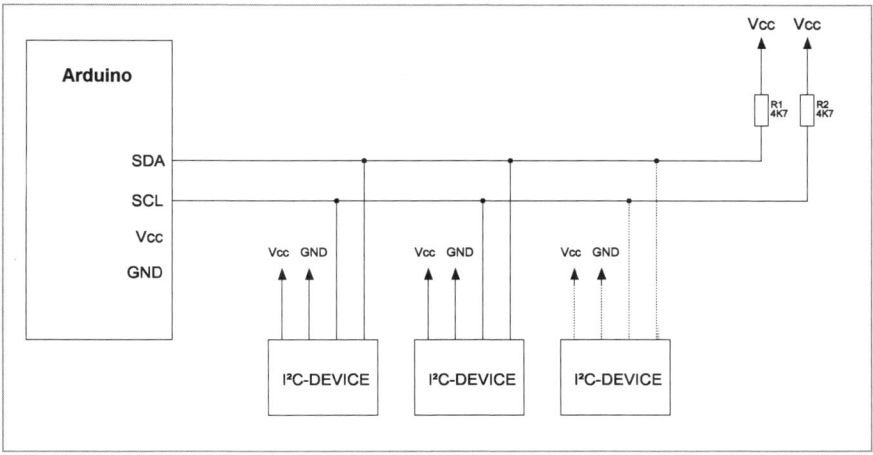

**Bild 11.2:** Busstruktur des I²C-Busses

Wir sehen, dass der Bus immer auf *High* liegen muss. Dies wird durch die Widerstände *R1* und *R2* gewährleistet. Die Widerstände können zwischen 1 K und 10 K liegen. Jeder dieser Bausteine besitzt eine Adresse, die ihn identifiziert. Die Adresse ist meistens bis auf 3 Bit vom Hersteller fest vorgegeben. Das letzte Bit der Adresse gibt an, ob der Baustein beschrieben oder ausgelesen wird.

## 11.1 Bit-Übertragung

Um ein Bit als gültig zu werten, muss SCL *high* sein. SDA darf sich währenddessen nicht ändern (es sei denn, es handelt sich um die Start- oder Stoppbedingung – doch dazu später mehr). Um beispielsweise eine »1« zu übertragen, müssen SDA sowie SCL *high* sein. Für eine 0 muss SDA *low* sein, SCL jedoch *high*.

## 11.2 Startbedingung

Um die angeschlossenen ICs zu informieren, dass eine Datenübertragung beginnt, muss eine Startbedingung erzeugt werden. Vorher kann keine Datenübertragung erfolgen. Eine Startbedingung wird erzeugt, indem, während SCL *high* ist, SDA von *high* auf *low* wechselt.

## 11.3 Stoppbedingung

Die Stoppbedingung funktioniert genau anders herum: SCL muss *high* sein und während dieser Phase wechselt SDA von *low* auf *high*. Die Stoppbedingung beendet, wie der Name schon vermuten lässt, eine Datenübertragung. So kann der Master signalisieren, dass er keine weiteren Daten empfangen oder senden möchte.

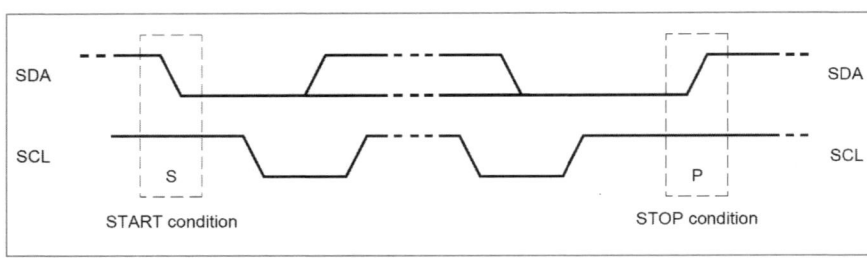

**Bild 11.3:** Start- und Stoppbedingung (Quelle: Philips Datenblatt)

## 11.4 Byte-Übertragung

Wenn ein Byte verschickt werden soll, wird zuerst das hochwertigste Bit verschickt. Dann folgen die anderen, bis hin zum niederwertigsten.

## 11.5 Bestätigung (Acknowledgment)

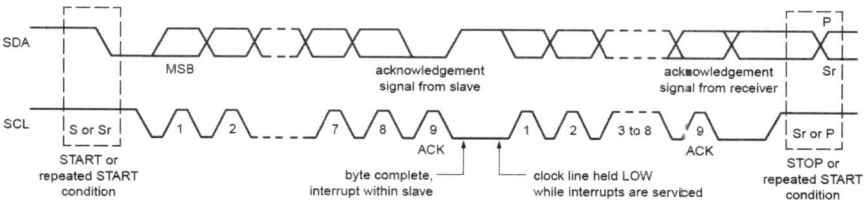

**Bild 11.4:** Diese Abbildung zeigt den kompletten Transfer (Quelle: Philips Datenblatt)

## 11.5 Bestätigung (Acknowledgment)

Der Empfänger quittiert den Erhalt der Daten mit einer Bestätigung (Acknowledgment). Nach acht Datenbits und folglich auch acht Taktimpulsen wird eine Bestätigung erzeugt.

## 11.6 Adressierung

Das erste Byte nach der Startbedingung, das der Master verschickt, ist die Adresse des Slaves, den er ansprechen möchte.

## 11.7 7-Bit-Adressierung

Die 7-Bit-Adressierung ist die erste Adressierungsform des I²C Busses und ermöglicht bis zu 128 (2⁷) Geräte an einem Bus. Dies ist auch der am weitesten verbreitete Standard.

Wer noch tiefer in die Materie I²C-Bus (IIC) einsteigen möchte, findet auf der mitgelieferten CD-ROM unter *Datenblätter* die komplette Spezifikation zum I²C-Bus von Philips.

# 12 Arduino und der I²C-Bus-Temperatursensor LM75

Temperatursensoren sind für die Erfassung der Umgebungstemperatur und zur Überwachung von Leistungsbaugruppen wie Motorendstufen in unseren Anwendungen äußerst wichtig. Zum einen wollen wir wissen, in welchen Temperaturbereichen wir uns bewegen (Wohnung, Garten), zum anderen wollen wir unsere Motorstufe vor Überhitzung schützen. Dazu können wir den I²C-Baustein von National Semiconductor *LM75* nutzen.

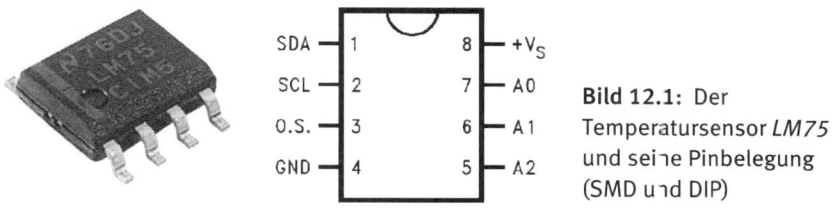

**Bild 12.1:** Der Temperatursensor *LM75* und seine Pinbelegung (SMD und DIP)

Dieser Sensor ist in der Lage, Temperaturen von −55 bis +125 °C mit einer Genauigkeit von ±3 °C max. zu messen. Wir benötigen, bis auf die I²C-Pull-up-Widerstände (2x 4,7 kΩ), keine externe Beschaltung, was den Aufbau leicht und günstig gestaltet.

**Die Adressierung ist wie folgt:**

| 1 | 0 | 0 | 1 | A2 | A1 | A0 |
|---|---|---|---|----|----|-----|
| MSB | | | | | | LSB |

Die ersten 4 Bit sind fest vom Hersteller vorgegeben, die letzten 3 Bit können über die Adressleitungen auf *High* oder *Low* gelegt werden, um die Adresse einzustellen. Es ist jedoch immer noch das achte Bit mit einzurechnen. Eine Adresse, bei der A0 bis A1 auf Masse liegen, sieht dann komplett folgendermaßen aus: 10010001 = Hex 91

Für unseren Versuch verwenden wir den LM75-DIP im 8-poligen Gehäuse für Durchsteckmontage.

**214** Kapitel 12: Arduino und der I²C-Bus-Temperatursensor LM75

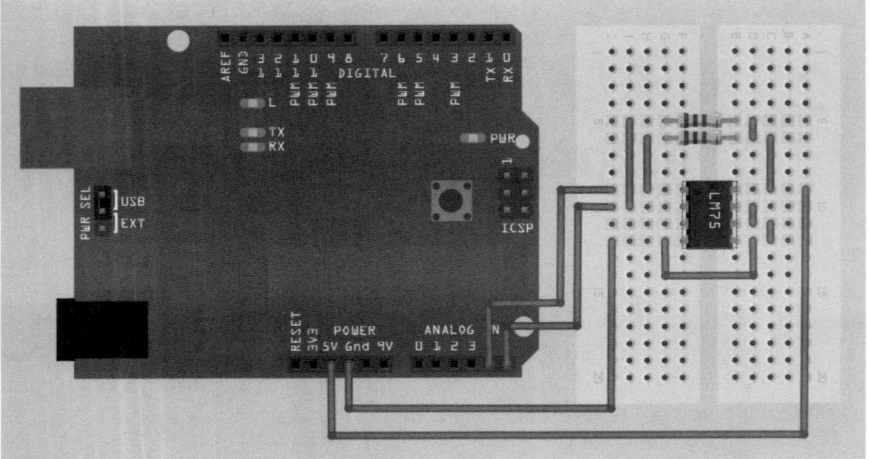

**Bild 12.2:** Der schematische Aufbau der Schaltung

**Verwendete Bauteile:**

1x Arduino/Freeduino-Board

1x Steckbrett

1x LM75 DIP

2x Widerstand 4,7 kΩ

7x Schaltdraht ca. 3 cm Länge

4x Schaltdraht ca. 10 cm Länge

**Beispiel: LM75.pde**

```
// Franzis Arduino
// Auslesen eines LM75-I²C-Bus-Temperatursensors

#include <Wire.h>

#define LM75 (0x90 >> 1)    // 7-Bit-Adresse LM75

void setup()
{
  Wire.begin();
  Serial.begin(9600);
  Serial.println("LM75 IIC-Bus Temperatursensor");
}
```

```
void loop()
{
   byte msb,lsb=0;
   float Grad=0;

   Wire.beginTransmission(LM75);
   Wire.send(0x00);
   Wire.endTransmission();

   Wire.requestFrom(LM75, 2);
   while(Wire.available() < 2);
   msb = Wire.receive();
   lsb = Wire.receive();

   if(msb<0x80)
   {
      Grad=((msb*10)+(((lsb&0x80)>>7)*5));
   }
   else
   {
      Grad=((msb*10)+(((lsb&0x80)>>7)*5));
      Grad=-(2555.0-Grad);
   }

   Grad=Grad/10;

   Serial.print(Grad);
   Serial.println(" Grad");

   delay(1000);

}
```

Das Beispiel liest den Temperatursensor aus, wandelt die Highbyte- und Lowbyte-Werte in die Temperatur um, und gibt diese über das Terminal-Programm aus.

Das Beispiel benutzt die *Wire*-Bibliothek, die für die I²C-Bus-Kommunikation notwendig ist.

```
#include <Wire.h>          // Wire-Bibliothek
```

Hier wird die Adresse für den Sensor festgelegt. Wir müssen die eigentliche Adresse von Hex 91 um ein Bit nach rechts schieben, da Arduino 7-Bit-Adressen verwendet.

```
#define LM75 (0x90 >> 1)    // 7-Bit-Adresse LM75
```

Jetzt initialisieren wir die I²C-Bus-Hardware. Die Pins für SCL und SDA sind bei Arduino die Pins *Analog 6* und *5*.

```
Wire.begin();            // Initialisierung der Hardware
```

In der Hauptschleife lesen wir nun die Temperatur über den I²C-Bus aus.

```
Wire.beginTransmission(LM75); // I²C-Start mit Adressangabe
Wire.send(0x00);              // Die Temp. liegt im Register 0
Wire.endTransmission();       // Ende der Übertragung

Wire.requestFrom(LM75, 2);    // Wir erwarten 2 Bytes
while(Wire.available() < 2);  // Sind die beiden Bytes schon
                              // da?
msb = Wire.receive();         // Byte 1 MSB vom Sensor holen
lsb = Wire.receive();         // Byte 2 LSB vom Sensor holen
```

Die Umrechnung der Temperatur geschieht wie folgt. Das höherwertige Bit im Byte *MSB* gibt an, ob die Temperatur positiv oder negativ ist.

```
if(msb<0x80)
{
    Grad=((msb*10)+(((lsb&0x80)>>7)*5));
}
else
{
    Grad=((msb*10)+(((lsb&0x80)>>7)*5));
    Grad=-(2555.0-Grad);
}

Grad=Grad/10;
```

# 13 I²C-Portexpander mit PCF8574

Wer mehr I/O-Ports benötigt, als das Arduino-Board zur Verfügung stellt, kann dies mit einen I²C-Portexpander Baustein bewerkstelligen. Ein typischer und oft verwendeter I²C-Bus-IC ist der Porterweiterungsbaustein *PCF8574* der Firma Philips. Er besitzt acht *bidirektionale* Datenleitungen. Diese sind im Ruhezustand ON und hochohmig, sodass sie als Eingänge einsetzbar sind. Alle Leitungen lassen sich als Ausgänge aktiv herunterziehen und sind dann niederohmig. Ein Datenrichtungsregister wie der Arduino-Mikrocontroller besitzt dieser Baustein jedoch nicht. Der IC besitzt die Basisadresse 01000000 (64) oder Hex40 (je nach Endbuchstaben A, P usw. anders; siehe Datenblatt). Er kann über seine drei Adresseingänge A0 bis A2 Unteradressen bis 01001110 (71) Hex47 belegen. Es lassen sich bis zu acht gleiche ICs an einem Bus betreiben. Der PCF8574 eignet sich daher gut zur Porterweiterung auf bis zu 64 Portleitungen. Andere Bausteine mit anderen Endbezeichnungen haben unterschiedliche Basisadressen. Hier sollte man einen Blick in das Datenblatt werfen.

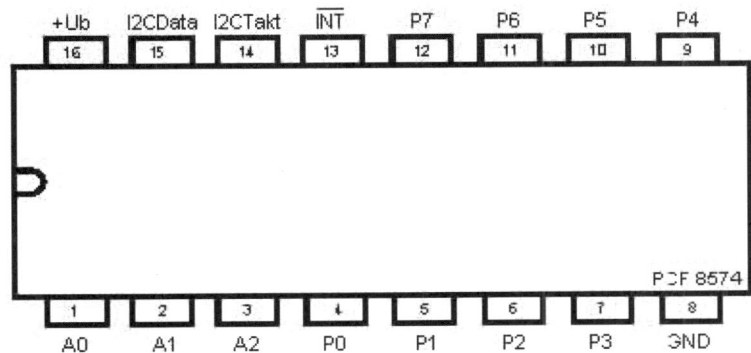

**Bild 13.1:** Pinbelegung des PCF8574-Portexpanders

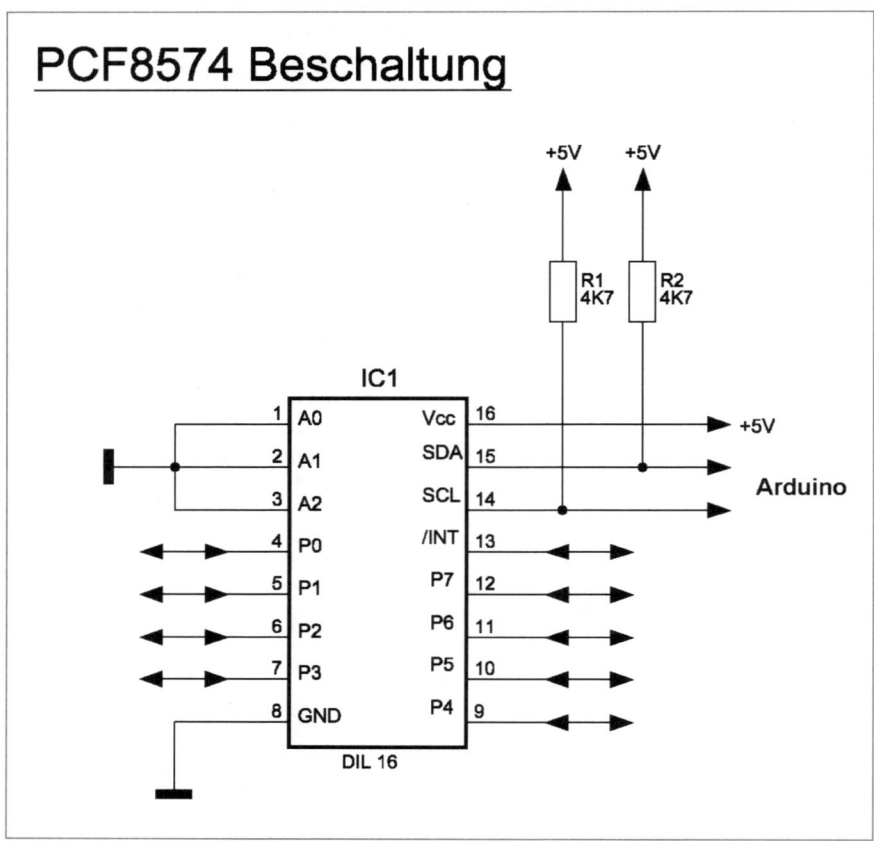

**Bild 13.2:** Außenbeschaltung des PCF8574

Das folgende Programm demonstriert die Ein- und Ausgaben über den I²C-Bus, das Hauptprogramm demonstriert den Aufbau einer typischen Datenverbindung. Hier sollen aufsteigende Zahlenfolgen an den Erweiterungsport gesendet werden, wobei jedes Mal der Portzustand zurückgelesen wird. Bei unbeschalteten Portanschlüssen des PCF8574 werden alle gesendeten Daten unverändert wieder zurücklesen. Schaltet man dagegen einen Anschluss an Masse, wird das entsprechende Datenbit als *OFF* gelesen.

Jeder Schreibzugriff wird zunächst von der Startbedingung und der *Salve*-Adresse eingeleitet. Dann folgt die Übertragung eines Datenbytes, das als Bitmuster direkt an den Portanschlüssen erscheint. Prinzipiell könnte man beliebig viele weitere Datenbytes folgen lassen, sodass sich auch die schnelle Ausgabe veränderlicher Bitmuster durchführen lässt.

Nach jedem Schreibzugriff soll jeweils ein Lesezugriff erfolgen. Dazu muss der IC erneut adressiert werden. Der eigentliche Lesezugriff für ein Byte erfolgt mit *Wire.receive()*. Prinzipiell können auch hier beliebig viele Lesezugriffe nacheinander ausgeführt werden. Die Datenübertragung ist über den I²C-Bus nicht sonderlich schnell. Der wesentliche Vorteil liegt darin, dass sehr viele ICs über nur zwei Portleitungen angesteuert werden können.

**Beispiel: PCF8574.pde**

```
// Franzis Arduino
// Aus-/Einlesen eines PCF8574A-Portexpanders

#include <Wire.h>

#define addr 0x20

void setup()
{
  Wire.begin();
  Serial.begin(9600);
}

void loop()
{
  Serial.println("Alle Ports LOW");
  PCF8574_Write(0x00);

  Serial.print("Portzustand: ");
  Serial.println(PCF8574_Read(), BIN);
  delay(1000);

  Serial.println("Alle Ports HIGH");
  PCF8574_Write(0xff);

  Serial.print("Portzustand: ");
  Serial.println(PCF8574_Read(), BIN);
  delay(1000);
}

void PCF8574_Write(byte data )
{
  Wire.beginTransmission(addr);
  Wire.send(data);
  Wire.endTransmission();
}
```

```
byte PCF8574_Read()
{
  byte data;
  Wire.requestFrom(addr, 1);
  if(Wire.available())
  {
    data = Wire.receive();
  }
  return data;
}
```

# 14 Ultraschallsensoren zur Entfernungsbestimmung

Nun bekommt das Arduino-Mikrocontrollerboard einen Entfernungsmesser in Form eines Ultraschallsensors. Dadurch kann Arduino wie eine Fledermaus sehen. Bei Ultraschallsensoren wird ein Ultraschallimpuls von 8-16 Perioden Dauer ausgesendet und die Zeit gemessen, bis das Echo am Empfänger eintrifft. Mit diesem Verfahren wird die Zeit bis zum ersten eingehenden Echo gemessen. Über die Schallgeschwindigkeit (etwa 300 m/s) wird der Abstand zum Objekt bestimmt. Die Genauigkeit der Sensoren liegt im Zentimeterbereich. Es gibt auch Systeme mit anderen Verfahren. Kurz nach dem ersten Echo wird der Empfänger wieder empfindlich gemacht. So werden weitere (maximal sieben) Echos (Bursts) registriert. Auf diese Weise kann man erkennen, ob hinter einem Objekt noch ein anderes vorhanden ist.

## 14.1 Der SRF02-Ultraschallsensor

Der SRF02-Ultraschallsensor ist der erste Sensor aus der SRF-Reihe, der mit nur einem Ultraschallwandler auskommt. Dennoch können sich die Leistungen sehen lassen. Vor allem die Tatsache, dass eine RS-232- und eine I²C-Bus-Schnittstelle vorhanden sind, dürfte viele Bastler erfreuen. Er ist der aktuellste und preiswerteste Sensor der SRF-Reihe.

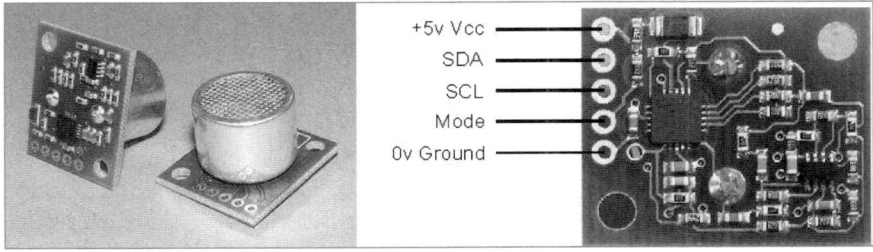

**Bild 14.1:** Ultraschallsensor SRF02

**Technische Daten**

- Betriebsspannung 5 V (stabilisiert)
- Stromaufnahme nur 4 mA (typisch)
- Ultraschallfrequenz 40 kHz
- Reichweite 15 cm bis 6 m
- Schnittstellen RS-232 (TTL) und I²C-Bus
- Ausgabeeinheit wahlweise mm, Inch oder µSek
- einfachste Verwendung, keine Kalibration/Justierung notwendig
- Größe 24 mm x 20 mm x 17 mm

Der Sensor lässt sich wahlweise per RS-232 oder I²C anschließen. Jeweils bis zu 16 Stück können an einer Schnittstelle betrieben werden. Wir verwenden bei unseren Versuchen die I²C-Bus-Schnittstelle, da diese auf dem Experimentierboard bereits herausgeführt ist und wir die serielle Schnittstelle zur Übertragung der Daten zum PC benötigen.

## 14.2 Auslesen der Entfernungsdaten

Die Ansteuerung und Handhabung des SRF02-Sensors ist sehr einfach, wie wir später in den Beispielprogrammen sehen werden. Jeder I²C-Bus-Sensor, wie auch unser SRF02, der am I²C-Bus angeschlossen wird, besitzt eine sogenannte *Adresse*. Dies ist eine Art »Hausnummer«, über die der Slave (der Sensor) gezielt angesprochen werden kann. Jede Slave-Adresse darf nur einmal vorkommen, da es sonst zu erheblichen Problemen kommen würde. Die Standard-»Hausnummer« des SRF02 ist Hex 0xE0, dezimal 224. Man kann die Slave-ID durch einen Befehl jedoch ändern.

**Folgende Slave-IDs wären möglich:**
E0, E2, E4, E6, E8, EA, EC, EE, F0, F2, F4, F6, F8, FA, FC oder FE

16 verschiedene Slave-IDs sind also möglich. Daher lassen sich auch 16 Ultraschallsensoren anschließen. Man kann die Adresse für Arduino aber nicht direkt verwenden, da Arduino eine 7-Bit-Adresse möchte. Man muss also wieder die Adresse, z. B. *Hex E0*, um eins nach rechts schieben (0xE0 >> 1).

Das Beispiel zeigt, wie die Entfernung in Zentimetern ausgelesen wird. Einige Parameter, die in separaten Registern abgelegt sind, können noch verändert werden, wie z. B. die Ausgabe in Inches oder Mikrosekunden. Auch eine Kalibriermöglichkeit steht zur Verfügung. Mehr darüber finden Sie im Datenblatt des SRF02.

Wie lesen den Sensor mit der Standard-Hausadresse *Hex E0* aus.

**Beispiel: SRF02.pde**

```
// Franzis Arduino
// Auslesen eines SRF02-Ultraschallsensors der Fa. Devantech

#include <Wire.h>

#define srfAddress (0xE0 >> 1)
#define cmdByte 0x00
#define rangeByte 0x02

byte MSB = 0x00;
byte LSB = 0x00;


void setup()
{
  Serial.begin(9600);
  Wire.begin();
  Serial.println("SRF02 Ultraschallsensor");
}

void loop()
{
  int rangeData = getRange();
  Serial.print("Entfernung: ");
  Serial.print(rangeData);
  Serial.println("cm");
  delay(250);
}

int getRange()
{
  int range = 0;

  Wire.beginTransmission(srfAddress);
  Wire.send(cmdByte);
  Wire.send(0x51);
  Wire.endTransmission();

  delay(100);

  Wire.beginTransmission(srfAddress);
```

```
Wire.send(rangeByte);
Wire.endTransmission();

Wire.requestFrom(srfAddress, 2);
while(Wire.available() < 2);
MSB = Wire.receive();
LSB = Wire.receive();

range = (MSB << 8) + LSB;

return(range);
}
```

# 15 Arduino mit GPS

Das *Global Positioning System* (GPS) ist die Grundlage aller modernen Navigations- und Ortungssysteme im Bereich der Land-, Luft- und Seenavigation. Es ist ein satellitengestützter Mobilfunkdienst, der in den 70er-Jahren vom amerikanischen Verteidigungsministerium für militärische Zwecke aufgebaut wurde und noch heute unterhalten wird. Das System besteht aus 24 Satelliten, die auf sechs kreisförmigen Bahnen im 24-Stunden-Rhythmus in einer Entfernung von rund 20.000 km um die Erde kreisen. Diese Anordnung stellt sicher, dass immer mindestens das Signal von vier Satelliten erfasst werden kann. Das ermöglicht die Positionsberechnung mittels Triangulationsprinzip (mind. drei Satelliten). Hierbei können über geometrische Berechnungen die Entfernungen zum Satelliten anhand der Signallaufzeit berechnet werden. Da die Position der drei Satelliten bekannt ist, kann damit die Position bestimmt werden. Jeder Satellit sendet 50-mal pro Sekunde drei verschiedene Signale: den Pseudo-Zufallscode (zur Positionsbestimmung), das Almanach-Signal (Satellitenstandort) und das Zeitkorrektursignal (Zeitbestimmung). Der Pseudo-Zufallscode wird auf zwei unterschiedlichen Frequenzen ausgesendet. Der eine ist für die militärische Nutzung, der zweite für die zivile Nutzung vorgesehen. Für die zivile Nutzung wurde das Signal bis Mai 2000 mit einem künstlichen Timing-Fehler versehen, der die Genauigkeit der Positionsbestimmung auf ca. 100 m beschränkte. Am 2. Mai 2000 um 5:05 Uhr wurde die Signalverschleierung (*selective availability* – SA) dann abgeschaltet.

**Bild 15.1:** Standard-GPS-Maus
(Quelle: Fa. Navilock)

Mit mathematischen Funktionen im Empfängerteil hochwertiger GPS-Receiver konnte der Timingfehler in den Jahren bis 2000 jedoch auch korrigiert werden, sodass eine Genauigkeit von 20 bis 30 m machbar war. Heute ist die Genauigkeit der Positionsbestimmung durch die Aufhebung der Signalverschleierung für die zivile Nutzung mit 5 m bis 25 m Abweichung – je nach verwendetem GPS-Empfänger – für die einfache zivile Nutzung mehr als ausreichend. Je nach Stellung der Satelliten am Himmel ist die Qualität des GPS-Signals jedoch auch stark zeit- und ortsabhängig.

Für die Güte der Satellitengeometrie wird der DOP-Wert angegeben – H-DOP für den horizontalen Wert und V-DOP für den vertikalen Wert (dieser ist jedoch im Bereich der Straßennavigation nicht weiter von Bedeutung). So sind H-DOP-Werte unter 4 sehr gut, über 8 jedoch schlecht. Die H-DOP-Werte werden schlechter, wenn sich die empfangenen Satelliten hoch am Himmel befinden. V-DOP-Werte hingegen sind eher schlechter, wenn sich die Satelliten sehr nah am Horizont befinden. Die H-DOP- und V-DOP-Werte werden im NMEA-Satz *$GPGSA* ausgegeben.

GPS-Signale werden in einem sehr hohen Frequenzbereich (~1,5 GHz) ausgesendet, um die weiten Distanzen problemlos zurückzulegen. Nachteil der hohen Frequenzen ist die leichte Abschirmbarkeit der Signale bei fehlender Sichtverbindung zum Himmel, z. B. in Gebäuden. Zur Nutzung von GPS-Signalen in Gebäuden gibt es mittlerweile Spezialantennen und Empfänger, die einen Empfang in Gebäuden ermöglichen. Deshalb sollte beim Aufbau eigener GPS-Anwendungen vor allem auf eine hohe Qualität der Antenne und einen empfindlichen Empfänger geachtet werden.

Künftig wird vor allem Galileo, ein GPS-System der Europäischen Gemeinschaft, das mittlerweile veraltete GPS-System der Amerikaner revolutionieren und der bestehenden Abhängigkeit der EU begegnen.

## 15.1  Wie viel Satelliten sind notwendig?

Es reichen drei Satelliten, um die genaue Position und Höhe bestimmen zu können. Dies setzt jedoch eine genaue Zeitvorgabe voraus. In der Praxis verfügt die Mehrzahl der GPS-Empfänger nicht über eine Uhr, die genau genug wäre, daraus die Laufzeiten korrekt berechnen zu können. Deshalb wird meist das Signal eines vierten Satelliten herangezogen, um die Position möglichst genau zu bestimmen. Drei Satelliten reichen jedoch stets aus, um die genaue 2D-Position (ohne Höhe) zu ermitteln.

## 15.2 Wie schließe ich das GPS an Arduino an?

GPS-Module sind inzwischen preiswert mit RS-232-Schnittstelle für Mikrocontroller erhältlich. Meist jedoch besitzen sie einen Mini-DIN-Stecker und es liegt zudem keine Pinbelegung bei. Im Internet auf der Herstellerseite findet man unter *Download* oder *Support* meist die Datenblätter mit den jeweiligen Steckerbelegungen.

Beachten Sie auf jeden Fall, dass es zwei Empfängertypen gibt. Einige Empfänger haben bereits einen RS-232-Spannungspegel von ±12 V und können ohne einen Schnittstellenwandler nicht direkt an unseren Mikrocontroller angeschlossen werden. Sie müssen erst den Pegel mittels MAX232 auf TTL-Pegel von 5 V bringen, da sonst der Controller zerstört würde.

Die Mäuse arbeiten meist mit einer Baudrate von 4.800 Baud. Sie können aber mit der vom Chipsatz-Hersteller angebotenen Software, z. B. von der Firma SIRF, auf eine andere Baudrate und auf das gewünschte Protokoll umgestellt werden.

Das folgende Beispiel wertet den seriellen Datenstrom über die Hardware-UART-Schnittstelle aus. Der *TxD*-Pin der GPS-Maus muss an Digital-Pin 0 angeschlossen werden. Beim Programmieren von Arduino muss man diese Verbindung trennen, da sonst keine Kommunikation stattfindet und das Programmieren fehlschlägt. Beachten Sie auch, dass die Masseverbindung der Maus gleich der des Experimentierboards sein muss!

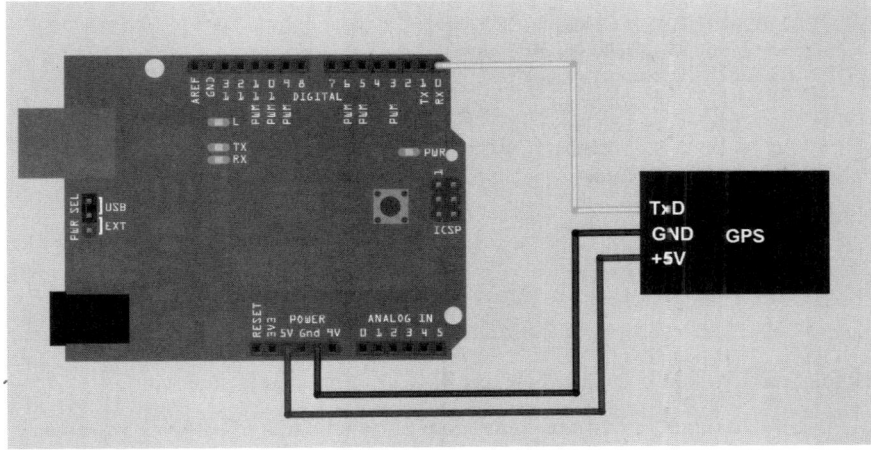

**Bild 15.2:** Anschluss einer GPS-Maus an Arduino

> **TIPP:**
> Sollte man seine Maus dennoch einmal so verstellt haben, dass sie nicht mehr funktioniert, hilft es, die kleine eingebaute Speicherbatterie kurz zu trennen und dann wieder anzulöten. Damit ist die GPS-Maus auf Werkseinstellung zurückgesetzt.

## 15.3 GPS-Protokoll

```
$GPRMC,081836,A,3751.65,S,14507.36,E,000.0,360.0,130998,011.3,E*62
$GPRMC,225446,A,4916.45,N,12311.12,W,000.5,054.7,191194,020.3,E*68

        225446      Time of fix 22:54:46 UTC
        A           Navigation receiver warning A = Valid position, V = Warning
        4916.45,N   Latitude 49 deg. 16.45 min. North
        12311.12,W  Longitude 123 deg. 11.12 min. West
        000.5       Speed over ground, Knots
        054.7       Course Made Good, degrees true
        191194      UTC Date of fix, 19 November 1994
        020.3,E     Magnetic variation, 20.3 deg. East
        *68         mandatory checksum


$GPRMC,220516,A,5133.82,N,00042.24,W,173.8,231.8,130694,004.2,W*70
     1      2       3      4    5      6    7     8     9     10  11 12

        1   220516      Time Stamp
        2   A           validity - A-ok, V-invalid
        3   5133.82     current Latitude
        4   N           North/South
        5   00042.24    current Longitude
        6   W           East/West
        7   173.8       Speed in knots
        8   231.8       True course
        9   130694      Date Stamp
        10  004.2       Variation
        11  W           East/West
        12  *70         checksum
```

Es folgt ein Überblick darüber, wie das RMC-Protokoll aufgebaut ist.

Mehr Info darüber finden Sie unter dem Internet-Link *http://www.kowoma.de/gps/*

## 15.3 GPS-Protokoll

NMEA 0183 version 3.00 active the Mode indicator field is added
$GPRMC,hhmmss.ss,A,llll.ll,a,yyyyy.yy,a,x.x,x.x,ddmmyy,x.x,a,m*hh

Field #
1  = UTC time of fix
2  = Data status (A=Valid position, V=navigation receiver warning)
3  = Latitude of fix
4  = N or S of longitude
5  = Longitude of fix
6  = E or W of longitude
7  = Speed over ground in knots
8  = Track made good in degrees True
9  = UTC date of fix
10 = Magnetic variation degrees (Easterly var. subtracts from true course)
11 = E or W of magnetic variation
12 = Mode indicator, (A=Autonomous, D=Differential, E=Estimated, N=Data not valid)
13 = Checksum

### Beispiel: GPS.pde

```
// Franzis Arduino
// Auslesen einer GPS-Maus

#include <string.h>
#include <ctype.h>

int ledPin = 13;                          // LED
int rxPin = 0;                            // RX-PIN
int txPin = 1;                            // TX
int byteGPS=-1;
char linea[300] = "";
char comandoGPR[7] = "$GPRMC";
int cont=0;
int bien=0;
int conta=0;
int indices[13];

void setup()
{
   pinMode(ledPin, OUTPUT);
   pinMode(rxPin, INPUT);
   pinMode(txPin, OUTPUT);
   Serial.begin(4800);
   for (int i=0;i<300;i++)   // Empfangsdatenpuffer
initialisieren
   {
```

```
    linea[i]=' ';
  }
}

void loop()
{
  digitalWrite(ledPin, HIGH);
  byteGPS=Serial.read();   // Ein Byte von der Schnittstelle holen
  if (byteGPS == -1)
  {
    delay(100);
  }
  else
  {
    linea[conta]=byteGPS;
    conta++;
    Serial.print(byteGPS, BYTE);
    if (byteGPS==13)
    {
      digitalWrite(ledPin, LOW);
      cont=0;
      bien=0;

      for (int i=1;i<7;i++)
      {
        if (linea[i]==comandoGPR[i-1])
        {
          bien++;
        }
      }
      if(bien==6)
      {
        for (int i=0;i<300;i++){
          if (linea[i]==',')
          {
            indices[cont]=i;
            cont++;
          }
          if (linea[i]=='*')
          {
            indices[12]=i;
            cont++;
          }
        }
```

## 15.3 GPS-Protokoll

```
      Serial.println("");
      Serial.println("");
      Serial.println("---------------");

      for (int i=0;i<12;i++){
        switch(i)
        {
          case 0 :Serial.print("Time in UTC (HhMmSs): ");break;
          case 1 :Serial.print("Status (A=OK,V=kO): ");break;
          case 2 :Serial.print("Latitude: ");break;
          case 3 :Serial.print("Direction (N/S): ");break;
          case 4 :Serial.print("Longitude: ");break;
          case 5 :Serial.print("Direction (E/W): ");break;
          case 6 :Serial.print("Velocity in knots: ");break;
          case 7 :Serial.print("Heading in degrees: ");break;
          case 8 :Serial.print("Date UTC (DdMmAa): ");break;
          case 9 :Serial.print("Magnetic degrees: ");break;
          case 10 :Serial.print("(E/W): ");break;
          case 11 :Serial.print("Mode: ");break;
          case 12 :Serial.print("Checksum: ");break;
        }
        for (int j=indices[i];j<(indices[i+1]-1);j++)
        {
          Serial.print(linea[j+1]);
        }
        Serial.println("");

      }
      Serial.println("---------------");
    }
    conta=0;
    for (int i=0;i<300;i++)
    {
      linea[i]=' ';
    }
  }
 }
}
```

# 16  Stellantrieb mit Servo für Arduino

Für einige Anwendungen benötigt man immer wieder einen kleinen Antrieb, um etwas zu bewegen. Dazu bieten sich Modellbauservos an, die man preisgünstig erwerben kann. Die Servos gibt es in den unterschiedlichsten Bauformen, die Funktionsweise ist jedoch immer die gleiche. Das Ruderhorn, so wird das mechanische Antriebsgelenk genannt, wird über Impulse, die in der Länge Variablen sind, proportional angesteuert.

**Bild 16.1:** Standard-Servo der Fa. Conrad Electronic SE

## 16.1  Wie funktioniert ein Servo?

Ein Servo ist ein geregelter Getriebemotor. In seinem Inneren befinden sich ein Getriebe mit DC-Motor, eine Ansteuerplatine und ein Potenziometer, die die Servostellung an die Elektronik zurückgeben, die den Motor in der vorgegebenen Stellung hält.

Servos besitzen drei Anschlussdrähte: zwei für die Stromversorgung, die in den meisten Fällen zwischen 4,8 V und 6 V beträgt, und einen Anschluss für die Positionsvorgabe. Man muss dem Servo also sagen, wohin er sich drehen soll. Dies geschieht mit der Einspeisung von Impulsen, die, je nach Servostellung, eine Länge von 1 bis 2 ms besitzen, gefolgt von einer Pause, die 20 ms beträgt. Der Istwert wird über das interne Potenziometer gemessen und an die Ansteuerplatine zurückgeführt, die den Getriebemotor dementsprechend nachregelt.

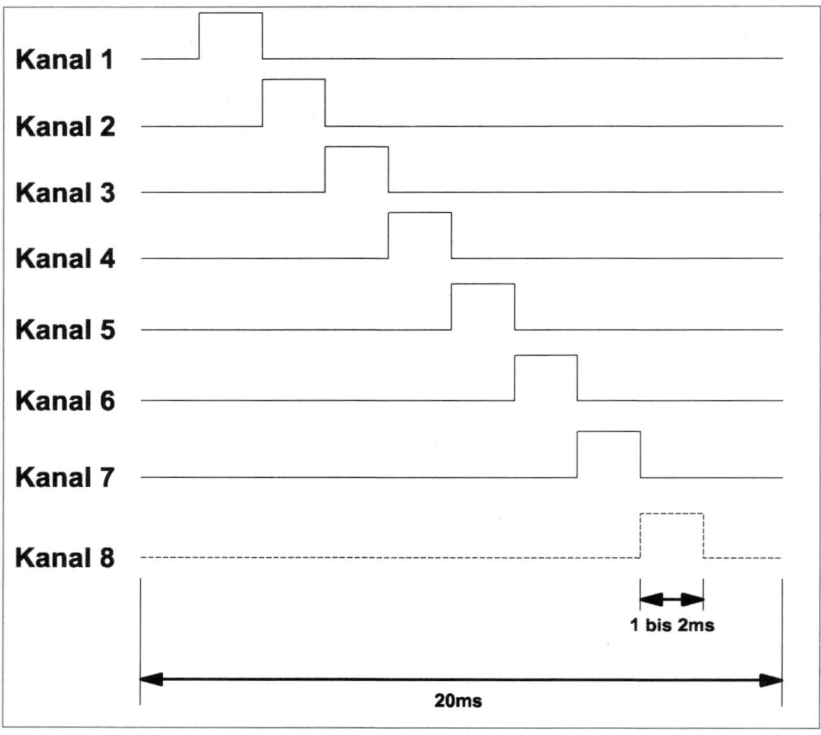

**Bild 16.2:** Zeitlicher Verlauf einer Servoansteuerung über einen RC-Empfänger

## 16.2 Anschluss an Arduino

Sofern Sie das Servo direkt am Arduino-Board anschließen, sollten Sie eine externe Stromversorgung verwenden, da der USB-Anschluss diesen Strom nicht liefern kann. Besser ist es, eine komplett externe Stromversorgung für den Servo zu verwenden. Hier sind Akkus (z. B. 4x Mignon-/AA-Zellen) bestens geeignet. Die Masseverbindung (GND) muss jedoch wieder mit dem Arduino-Board gleich sein. Man muss also auch die Akkumasse mit Arduino verbinden.

## 16.2 Anschluss an Arduino

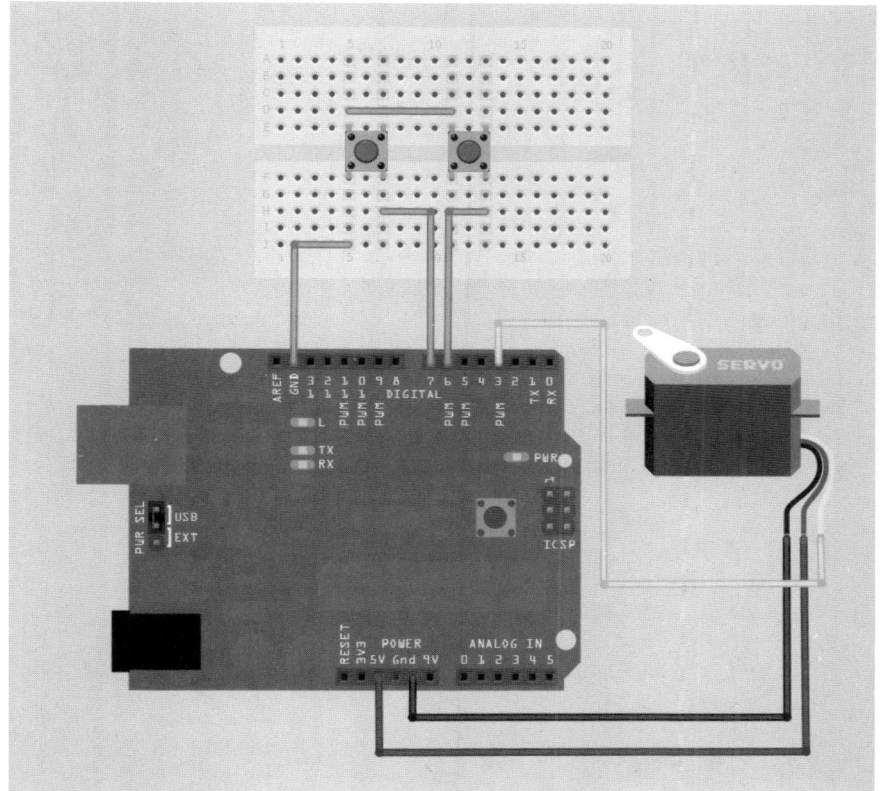

**Bild 16.3:** Anschluss eines kleinen Servos am Arduino-Board

**Beispiel: Servo.pde**

```
// Franzis Arduino
// Servo ansteuern

int servoPin     = 2;      // Servo Pin
int minPulse     = 600;    // minimum servo position
int maxPulse     = 2400;   // maximum servo position
int turnRate     = 1;      // Geschwindigkeit je größer desto
schneller!
int refreshTime  = 20;     // Aktuallisierungs-Rate 50 Hz =
                           // 20 ms 1/f

int SW1          = 7;      // Taster 1 links
int SW2          = 6;      // Taster 2 rechts
```

```
int centerServo;              // Mittelstellung
int pulseWidth;               // Pulsweite
long lastPulse   = 0;         // Zeit des letzten Impulses
speichern

void setup()
{
  pinMode(servoPin, OUTPUT);
  pinMode(SW1,INPUT);
  digitalWrite(SW1,HIGH);
  pinMode(SW2,INPUT);
  digitalWrite(SW2,HIGH);
  centerServo = maxPulse - ((maxPulse - minPulse)/2);
  pulseWidth = centerServo;
}

void loop()
{

  // Wurde ein Taster gedrückt?
  if(!digitalRead(SW1)|||!digitalRead(SW2))
  {
    if(!digitalRead(SW1)) {pulseWidth = pulseWidth - turnRate;}
    if(!digitalRead(SW2)) {pulseWidth = pulseWidth + turnRate;}

    // Begrenzung
    if(pulseWidth > maxPulse) {pulseWidth = maxPulse;}
    if(pulseWidth < minPulse) {pulseWidth = minPulse;}
    delay(2);
  }


  // Servo ansteurern
  if (millis() - lastPulse >= refreshTime)
  {
    digitalWrite(servoPin, HIGH);
    delayMicroseconds(pulseWidth);
    digitalWrite(servoPin, LOW);
    lastPulse = millis();
  }
}
```

# 17 LC-Displays *LCDs*

Bis jetzt haben wir die Ausgaben für Zustände meist über Leuchtdioden oder das Terminal-Programm gelöst. Für viele Anwendungen ist es jedoch nicht möglich, die Variablen über LEDs oder ein Terminal auszugeben, da entweder der optische Aspekt oder die Vielfalt der Zustände es nicht zulassen. Eine schöne und mit Arduino auch recht einfache Möglichkeit, eine Ausgabe zu realisieren, bieten die mittlerweile preisgünstigen LCDs (engl. liquid crystal Displays). LCDs finden Verwendung in vielen elektronischen Geräten, z. B. Messgeräten, Mobiltelefonen, Digitaluhren und Taschenrechnern. Auch Head-up-Displays und Videoprojektoren arbeiten mit dieser Technik. In der folgenden Abbildung ist ein monochromes »Industriestandard 5x7 Dot Matrix«-Display mit 4 Zeilen zu je 16 Zeichen (engl. Charakter) zu sehen.

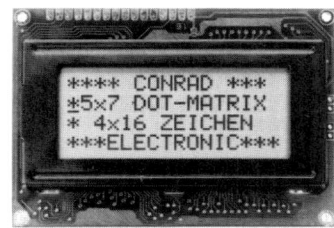

**Bild 17.1:** Quelle: Conrad Electronic

Ein LCD besteht grundsätzlich aus zwei einzelnen Glasscheiben und einer speziellen Flüssigkeit dazwischen. Das Besondere an der Flüssigkeit ist, dass sie die Polarisationsebene von Licht dreht. Dieser Effekt wird durch Anlegen eines elektrischen Felds beeinflusst. Man bedampft die beiden Glasplatten jeweils mit einer hauchdünnen Metallschicht. Um nun polarisiertes Licht zu erhalten, klebt man auf die obere Glasplatte eine Polarisationsfolie, den sogenannten *Polarisator*. Auf die untere Glasplatte muss nochmals eine solche Folie geklebt werden, allerdings mit 90° gedrehter Polarisationsebene. Das nennt man dann den *Analysator*.

Die Flüssigkeit dreht nun im Ruhezustand die Polarisationsebene des einfallenden Lichts um 90°, sodass es ungehindert den Analysator passieren kann. Das LCD ist somit durchsichtig. Legt man nun eine bestimmte Spannung an die aufgedampfte Metallschicht, drehen sich die Kristalle in der Flüssigkeit. Dadurch wird die Polarisationsebene des Lichts um z. B. weitere 90° gedreht: Der Analysator versperrt dem Licht den Weg und das LCD ist undurchsichtig geworden.

## 17.1 Polarisation von Displays

Unter *Polarisation* versteht man bei LC-Displays nicht die Polung der Spannungsversorgung. Es handelt sich hier um Glas-, Flüssigkeits- und Filteraufbau des Displays. Die meisten LCDs sind TN(Twisted-Nematic)-Displays. Sie beinhalten eine Flüssigkeit, die die Polarisationsebene des Lichts um 90° dreht. STNs (Super-Twisted-Nematics) drehen die Polarisationsebene des Lichts um mindestens 180°. Dadurch erreicht man einen besseren Kontrast der Anzeige. Allerdings erhält man in dieser Technik eine gewisse Färbung des Displays. Die gängigsten Farbgebungen nennt man *yellow-green* und *blue mode*. Ein sogenannter *gray mode* erscheint in der Praxis mehr blau als grau. Um den ungewünschten Farbeffekt zu kompensieren, verwendet man in der FSTN-Technik eine weitere Folie auf der Außenseite. Die dadurch entstehenden Lichtverluste machen diese Technik allerdings nur für beleuchtete Displays sinnvoll. Die verschiedenen Farben treten jedoch nur bei unbeleuchteten oder mit weißer Beleuchtung ausgestatteten Displays auf. Sobald die Beleuchtung eine Färbung aufweist (z. B. LED-Beleuchtung gelbgrün), tritt die jeweilige Displayfarbe in den Hintergrund. Ein *blue-mode*-LCD mit gelbgrüner LED-Beleuchtung wird immer gelbgrün aussehen.

## 17.2 Statische Ansteuerung, Multiplexbetrieb

Kleine Displays mit geringem Anzeigenumfang werden meist statisch angesteuert. Statische Displays haben den besten Kontrast und den größtmöglichen Blickwinkel. Die TN-Technologie erfüllt hier voll ihren Zweck (Schwarz-Weiß-Darstellung, kostengünstig). Werden die Displays allerdings größer, wären im statischen Betrieb immer mehr Leitungen nötig (z. B. Grafik 128 x 64 = 8.192 Segmente = 8.192 Leitungen). Da so viele Leitungen weder auf dem Display noch auf einem Ansteuer-IC Platz fänden, bedient man sich des Multiplexbetriebs. Das Display wird also in Zeilen und Spalten aufgeteilt und in jedem Kreuzungspunkt befindet sich ein Segment (128 + 64 = 192 Leitungen). Hier wird nun Zeile für Zeile abgescannt (64x, d. h. Multiplexrate 1:64). Dadurch, dass immer nur 1 Zeile aktiv ist, leiden allerdings mit zunehmender Multiplexrate der Kontrast und auch der Blickwinkel.

## 17.3 Blickwinkel 6 Uhr/12 Uhr

Jedes LC-Display besitzt eine sogenannte *Vorzugsblickrichtung*. Von dieser Richtung aus betrachtet hat das Display einen optimalen Kontrast. Die meisten Displays werden für den 6-Uhr-Blickwinkel (engl. bottom view – BV) produziert. Dieser Blickwinkel entspricht dem eines Taschenrechners, der flach auf dem

Tisch liegt. 12-Uhr-Displays (engl. top view – TV) baut man am besten in die Frontseite eines Tischgeräts ein. Senkrecht von vorn lassen sich alle Displays lesen.

## 17.4 Reflektiv, Transflektiv, Transmissiv

Reflektive (unbeleuchtete) Displays besitzen auf der Rückseite einen 100-%-Reflektor. Eine Beleuchtung von der Rückseite ist nicht möglich. Transflektive Displays haben auf der Rückseite einen teildurchlässigen Reflektor. Sie lassen sich mit und ohne Beleuchtung ablesen. Dadurch sind sie unbeleuchtet aber etwas trüber als eine reflektive Version. Trotzdem ist das der wohl beste Kompromiss für beleuchtete LCDs. Transmissive Displays besitzen gar keinen Reflektor. Sie sind nur mit Beleuchtung ablesbar, dafür aber sehr hell.

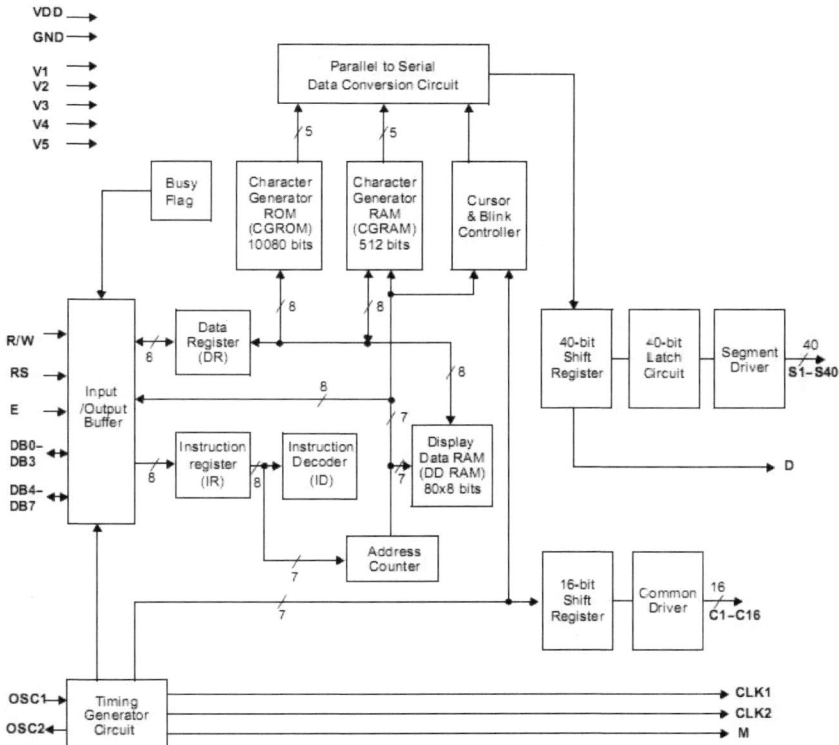

**Bild 17.2:** Das Innenleben des Display-Controllers *KS0066* (Quelle: Datenblatt Samsung)

Dot-Matrix-Displays werden von vielen Herstellern in der ganzen Welt (und besonders in Taiwan) hergestellt. Neben Displays von Größen wie Datavision gibt es auch immer wieder Displays, deren Hersteller gar nicht zu ermitteln ist. Zum Glück sind Funktion und Anschluss der Displays immer gleich. Wir beschäftigen uns in diesem Buch mit Displays, die einen Controller vom Typ HD44780 (oder kompatibel) verwenden.

Das einheitliche Verhalten aller Displays verdanken wir einem Controllerchip, der sich als Standard durchgesetzt hat und von allen Herstellern verbaut wird. Dabei handelt es sich um den HD44780 von Hitachi.

## 17.5  Die Kontrasteinstellung des Displays

Wie auch bei anderen Bildschirmen können wir bei den LCD-Modulen den Kontrast einstellen. Das geschieht im einfachsten Fall mit einem 10-k$\Omega$-Potenziometer, das an seinen Endpunkten mit Vcc (+5 V) und GND (Masse) verbunden ist. Der Schleifer des Potenziometers wird am LCD-Modul an Pin Vee angeschlossen. In der folgenden Abbildung ist das Pin 3.

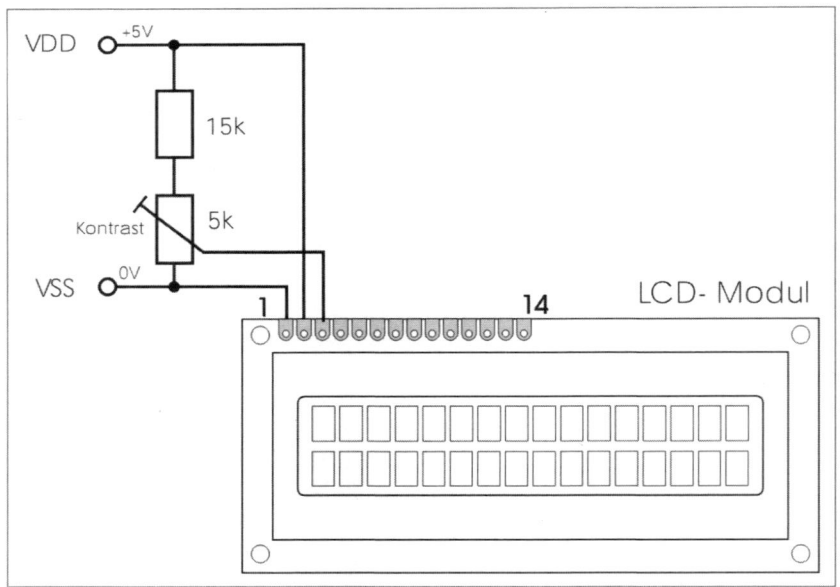

**Bild 17.3:** Einfache Kontrasteinstellung (Quelle: Datenblatt Electronic Assembly)

Bei der Verwendung eines Potenziometers ohne Vorwiderstand ist der einstellbare Bereich, der sich auch wirklich auf den Kontrast auswirkt, jedoch sehr klein.

## 17.5 Die Kontrasteinstellung des Displays    241

Um eine bessere Spreizung des Kontrastbereichs zu erzielen, ist es ratsam, einen dementsprechenden Vorwiderstand zwischen Vcc (+5 V) und einem Ende des Potenziometers zu schalten.

Die Spannung am Pin *Vee* sollte zwischen 0 V und 1,5 V bei einem Umgebungstemperaturbereich von 0 °C bis 40 °C einstellbar sein. Die obige Abbildung zeigt die genaue Verschaltung. Sollte der einstellbare Bereich nicht optimal sein (mache LCDs weichen davon ab), muss man den Vorwiderstand etwas abändern. Praktische Werte liegen im Bereich zwischen 10 k$\Omega$ und 22 k$\Omega$.

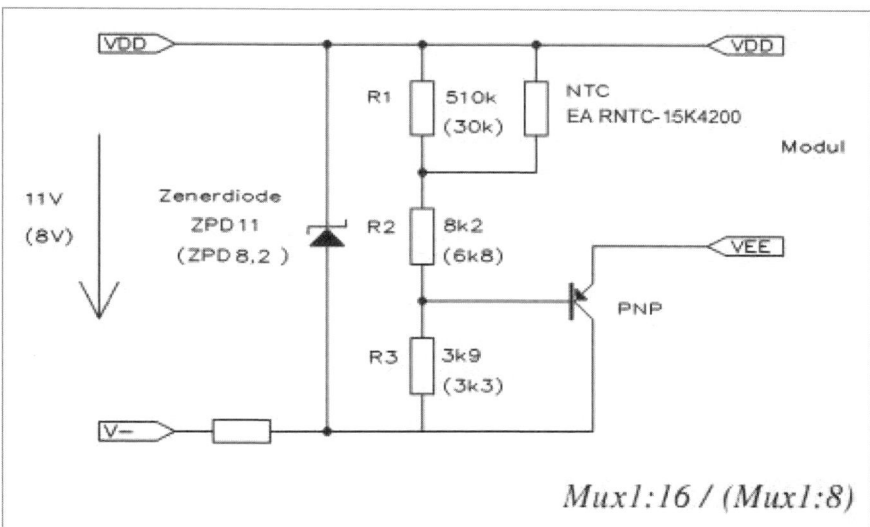

**Bild 17.4:** Temperaturkompensierte Kontrasteinstellung (Quelle Datenblatt Electronic Assembly)

Sollten wir das Display außerhalb des normalen Temperaturbereichs einsetzen (0 °C bis 40 °C), ist es empfehlenswert, die Beschaltung wie im obigen Schaltplan durchzuführen. Diese Schaltung gleicht den Kontrast auf die Umgebungsbedingung an. Die Temperatur wird mit einen Temperaturfühler NTC (engl. Negative Temperature Coefficient Thermistor) gemessen, der die Kontrastspannung über den PNP-Transistor verschiebt. Die LCD-Module haben die Eigenschaft, bei zu tiefen Temperaturen unter 0 °C nicht mehr richtig lesbar zu sein. Der Kontrast ist also temperaturabhängig.

## 17.6 Der Zeichensatz

Die Displays besitzen einen Zeichensatz, der fest im Displaycontroller integriert ist.

Indem man die oberen und die unteren 4 Bit aneinanderreiht, erhält man das Datenbyte für das entsprechende ASCII-Zeichen.

**Beispiel für das ASCII-Zeichen »A«:**
A = 01000001

**Bild 17.5:** Zeichensatz (Quelle: Datenblatt Samsung)

## 17.7 Pinbelegung der gängigen LCDs

Die meisten Displays ohne Beleuchtung besitzen eine Pinbelegung, wie die unten aufgeführte Tabelle zeigt. Um das LCD nicht zu beschädigen, empfiehlt es sich, vor den Anschluss an den Mikrocontroller einen Blick ins Datenblatt zu werfen.

| Pinbelegung | | | |
|---|---|---|---|
| Pin | Symbol | Pegel | Beschreibung |
| 1 | VSS | L | Versorgung 0V, GND |
| 2 | VDD | H | Versorgung +5V |
| 3 | VEE | - | Displayspg. 0..1,5V Kontrasteinstellung |
| 4 | RS | H/L | Register Select |
| 5 | R/W | H/L | H: Read / L: Write |
| 6 | E | H | Enable |
| 7 | D0 | H/L | Datenleitung 0 (LSB) |
| 8 | D1 | H/L | Datenleitung 1 |
| 9 | D2 | H/L | Datenleitung 2 |
| 10 | D3 | H/L | Datenleitung 3 |
| 11 | D4 | H/L | Datenleitung 4 |
| 12 | D5 | H/L | Datenleitung 5 |
| 13 | D6 | H/L | Datenleitung 6 |
| 14 | D7 | H/L | Datenleitung 7 (MSB) |

**Bild 17.6:** Gängige Pinbelegung von Standard-LCDs ohne Beleuchtung (Quelle: Datenblatt Electronic Assembly)

Bei LCD-Modulen mit Beleuchtung ist immer etwas mehr Vorsicht geboten. Manche Hersteller legen die LED-Hintergrundbeleuchtungsanschlüsse nicht wie gewohnt an Pin 15 und 16, sondern an Pin 1 und 2. Auch hier sollte man zuvor einen Blick ins Datenblatt des Herstellers werfen. Sollten Sie kein Datenblatt zur Hand haben, müssen Sie die Leiterbahnen nachverfolgen und die Hintergrundbeleuchtungsanschlüsse ausfindig machen.

| Pinbelegung ||||
|---|---|---|---|
| Pin | Symbol | Pegel | Beschreibung |
| 1 | VSS | L | Versorgung 0V, GND |
| 2 | VDD | H | Versorgung +5V |
| 3 | VEE | - | Displayspannung 0..0,5V |
| 4 | RS | H / L | Register Select |
| 5 | R/W | H / L | H: Read / L: Write |
| 6 | E | H | Enable |
| 7 | D0 | H / L | Datenleitung 0 (LSB) |
| 8 | D1 | H / L | Datenleitung 1 |
| 9 | D2 | H / L | Datenleitung 2 |
| 10 | D3 | H / L | Datenleitung 3 |
| 11 | D4 | H / L | Datenleitung 4 |
| 12 | D5 | H / L | Datenleitung 5 |
| 13 | D6 | H / L | Datenleitung 6 |
| 14 | D7 | H / L | Datenleitung 7 (MSB) |
| 15 | LED + | - | LED-Versorgung Plus /Vorwiderstand! |
| 16 | LED - | - | LED-Versorgung Minus |

**Bild 17.7:** Gängige Pinbelegung von Standard-LCDs mit Beleuchtung (Quelle: Datenblatt Electronic Assembly)

## 17.8 So wird das Display vom Mikrocontroller angesteuert

Die Ansteuerung des LCD-Moduls erfolgt über die Datenbus-Leitungen D0 bis D7 (D4 bis D7 bei 4 Bit Datenbusbreite) sowie die Leitungen *RS*, *R/W* und *E*. Das Signal *RS* dient zur Auswahl des Befehls (RS = 0) oder des Datenregisters (RS = 1). R/W gibt an, ob gelesen (R/W = 1) oder geschrieben (R/W = 0) werden soll. Die Enable-Leitung dient zur Steuerung des Datentransfers. Im Ruhezustand ist Enable 0. Während eines Lesezugriffs stehen die zu lesenden Daten an, solange Enable 1 ist. Bei einem Schreibzugriff werden die Daten vom Display bei der fallenden Flanke von Enable übernommen.

## 17.9 Initialisierung der Displays

Folgende Abbildung zeigt die Initialisierung im 4-Bit-Datenbus-Mode, so wie man das Display am Experimentierboard später betreiben wird. Eine Initialisierung könnte, sofern man einmal selbst eine Routine dafür schreiben möchte, so aussehen: Immer, wenn man Befehle an das LCD-Modul sendet, muss der *RS*-Pin auf *Low* sein. Sendet man Daten, muss er auf *High* geschaltet werden. Bei der Initialisierung ist somit der *RS*-Pin immer *Low*.

**Beispiel für eine Initialisierung im 4-Bit-Mode:**

Ca. 15 ms warten

Sende Hex30         (Interface auf 8 Bit setzen)

Ca. 5 ms warten

Sende Hex30         (Interface auf 8 Bit setzen)

Ca. 100 µs warten

Sende Hex30         (Interface auf 8 Bit setzen)

Sende Hex20         (Interface auf 8 Bit setzen)

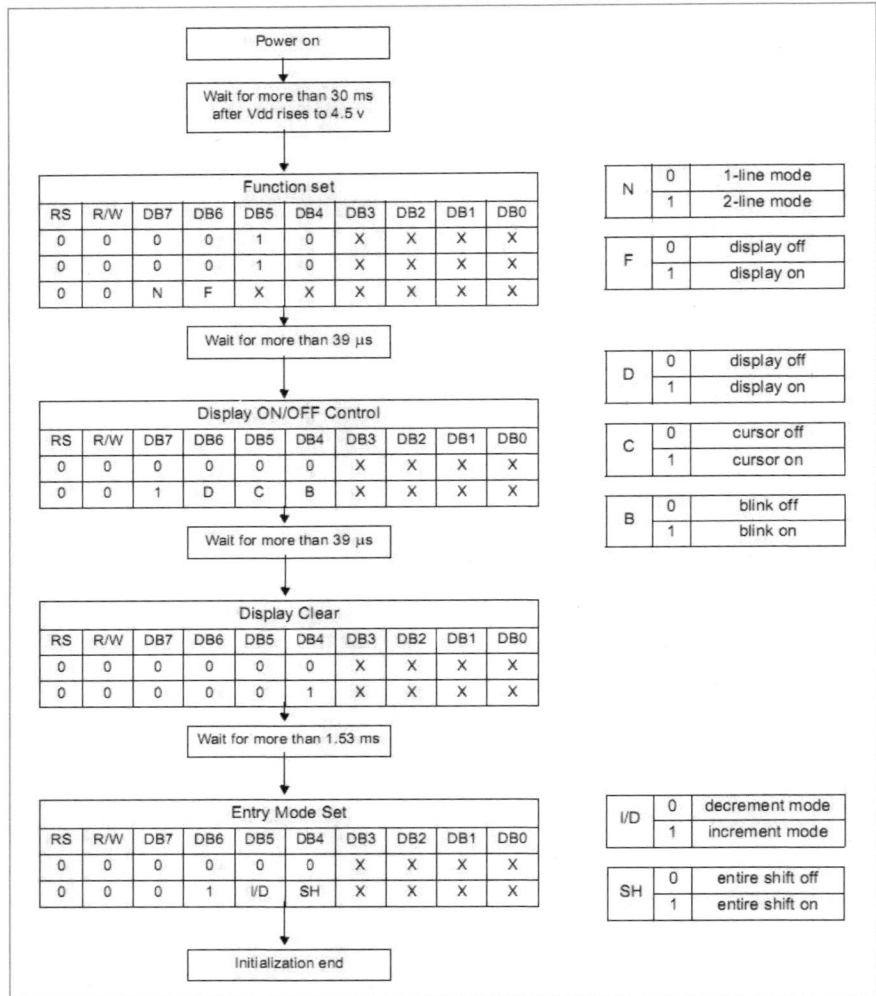

**Bild 17.8:** Initialisierung im 4-Bit-Datenbus-Mode (Quelle: Datenblatt Samsung)

## 17.10 Das Display und sein Anschluss am Arduino

Nun wird ein LCD-Modul am Arduino-Board angeschlossen. Die folgende Tabelle zeigt die verwendeten Anschlüsse am Experimentierboard. In unserem Experiment verwenden wir nur ein 10-kΩ-Potenziometer ohne zusätzlichen Spreizwiderstand.

## 17.10 Das Display und sein Anschluss am Arduino

| Pin am Experimentierboard | Anschluss am LCD-Modul |
|---|---|
| GND | RW |
| Digital Pin 12 | RS »Register Select« |
| Digital Pin 11 | E »Enable« |
| Digital Pin 5 | Daten D4 |
| Digital Pin 4 | Daten D5 |
| Digital Pin 3 | Daten D6 |
| Digital Pin 2 | Daten D7 |
| +5 V | VDD »Versorgungsspannung +« |
| GND | VSS »Versorgungsspannung GND« |
| 10-kΩ-Potenziometer gegen +5 V und GND; Schleifer geht an LCD | VEE »Kontrast« |

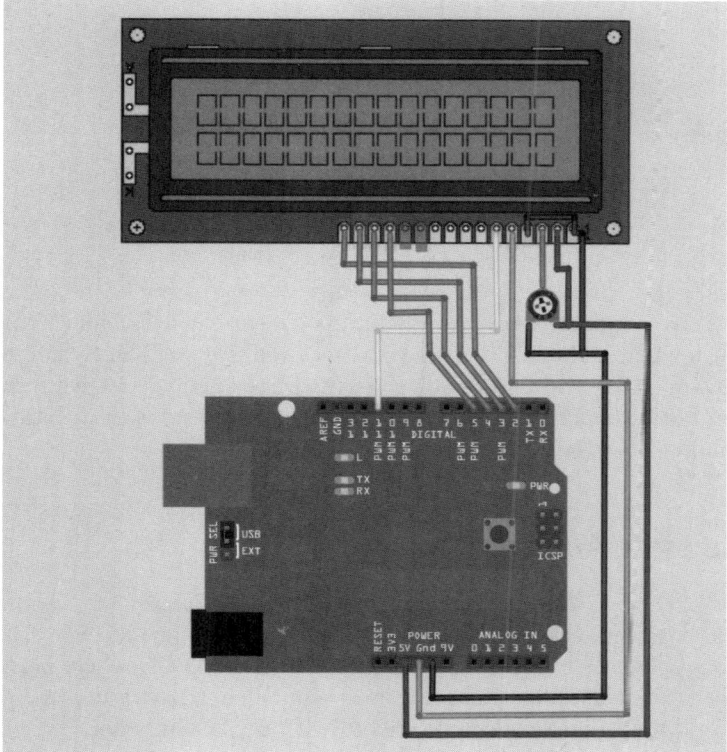

**Bild 17.9:** Schematischer Aufbau der Schaltung

**Verwendete Bauteile:**

1x Arduino/Freeduino-Board

8x Schaltlitze ca. 15 cm Länge

1x Schaltlitze ca. 3 cm Länge

8x Stiftleiste 1x1

1x Potenziometer 10-kΩ-Typ: PT10

1x LCD-Modul 20 x 4 Zeichen HD44780- oder KS0066-kompatibel z. B. Conrad Bestellnummer # 187275

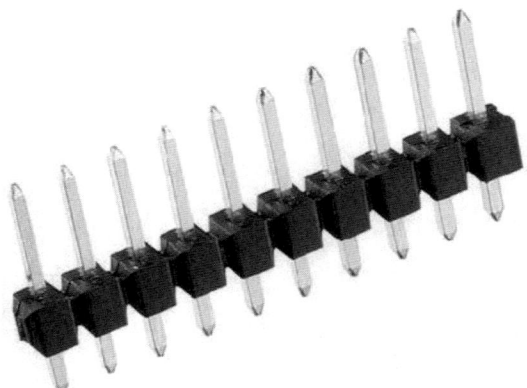

**Bild 17.10:** Stiftleiste Conrad Electronic

Die Stiftleiste sollte trennbar sein, d. h., man muss die einzelnen Pins mit einer Zange abtrennen können. Die Drahtenden vom LCD werden jeweils an einen Pin gelötet und dann in das Arduino-Board gesteckt. Diese Methode ist deutlich robuster gegen Wackelkontakte, als wenn man nur die Drahtenden in die Stiftleisten des Arduino-Boards stecken würde.

## 17.11 Die erste Ausgabe

Nachdem das LCD angeschlossen ist, kann man den USB-Stecker wieder am Mikrocontrollerboard anstecken. Nun wird das folgende Testprogramm übertragen. Sollte man nach der Übertragung noch keine Zeichen am LCD sehen, muss man höchstwahrscheinlich den Kontrast noch einstellen. Hierzu dreht am Trimmwiderstand, bis die Zeichen gut sichtbar sind. Sollten jedoch keine Zeichen erscheinen, liegt ein Schaltungsfehler vor, ein LCD entspricht nicht dem HD44780-/KS0066-Standard oder es ist einfach defekt. Meist liegt es aber am

Schaltungsaufbau und man hat entweder einen Wackelkontakt oder einen Verdrahtungsfehler eingebaut.

**Beispiel: LCD.pde**

```
// Franzis Arduino
// Ansteuern eines 4-Bit-LCDs

/*

  ---[ Anschluss ]---------------------

  >>> LCD <<<            >>> Arduino <<<

  * RW pin               = GND
  * LCD RS pin           = digital pin 12
  * LCD Enable pin       = digital pin 11
  * LCD D4 pin           = digital pin 5
  * LCD D5 pin           = digital pin 4
  * LCD D6 pin           = digital pin 3
  * LCD D7 pin           = digital pin 2
  * Vee                  = Poti Schleifer

*/

#include <LiquidCrystal.h>

LiquidCrystal lcd(12, 11, 5, 4, 3, 2);

int Poti = 0;
int raw=0;
int x=0;
int i=0;

void setup()
{
  Serial.begin(9600);
  lcd.begin(20, 4);          // LCD mit 4 Zeilen und je 20 Zeichen

  lcd.setCursor(0, 0);       // Zeile 1 erstes Zeichen
  lcd.print("Arduino ist Spitze!");

  lcd.noDisplay();           // LCD ausschalten
  delay(1500);
  lcd.display();             // LCD wieder einschalten
}

void loop()
```

```
{
  lcd.setCursor(0, 1);
  lcd.print(millis()/1000);  // vergangene Zeit in Sekunden
                             // ausgeben
  lcd.print(" Sekunden");

  if(x!=(millis()/500))
  {
    raw=analogRead(Poti);
    lcd.setCursor(0,2);
    lcd.print("ADC0 = ");
    lcd.setCursor(7,2);
    lcd.print("      ");
    lcd.setCursor(7,2);
    lcd.print(raw);
    x=millis()/500;
  }

  if(Serial.available()>0)
  {
    if(i==20)
    {
      i=0;
      lcd.setCursor(0,3);
      lcd.print("                    ");
    }

    lcd.setCursor(i,3);
    lcd.write(Serial.read());
    i++;
  }
}
```

Das Beispiel ist für ein Display mit vier Zeilen zu je 20 Zeichen ausgelegt (20 x 4).

In der ersten Zeile erscheint die Meldung »Arduino ist Spitze!«, in der zweiten Zeile werden die vergangenen Sekunden seit dem Programmstart angezeigt. In Zeile 3 wird der Wert des Analogeingangs 0 angezeigt. In der vierten und letzten Zeile kann man Zeichen darstellen, die man über die serielle Schnittstelle zum Arduino-Board sendet.

## 17.12 Was haben wir genau gemacht?

Mit *#include <LiquidCrystal.h>* wurde die Library eingebunden, die zwingend benötigt wird, um das LCD anzusteuern. In dieser Bibliothek sind die Routinen zum Ansteuern eines LCDs hinterlegt.

```
#include <LiquidCrystal.h>
```

*LiquidCrystal lcd()* legt die Pins fest, an denen das LCD mit den Arduino-Board verbunden ist.

```
LiquidCrystal(rs, enable, d4, d5, d6, d7)

LiquidCrystal lcd(12, 11, 5, 4, 3, 2); // Angabe der Digital-Pins
```

In der Setup-Routine wird das LCD mit *lcd.begin()* als LCD mit vier Zeilen zu je 20 Zeichen initialisiert.

```
lcd.begin(20, 4);        // Initialisierung mit 4 Zeilen zu
                         // je 20 Zeichen
```

Danach wird einmalig ein kleiner Begrüßungstext in Zeile 1 mit *lcd.print()* ausgegeben. Zuvor wird der Cursor noch mit *lcd.setCursor()* positioniert.

```
lcd.setCursor(0, 0);     // Zeile 1 erstes Zeichen
lcd.print("Arduino ist Spitze!");
```

Jetzt wird das LCD kurz aus- und wieder eingeschaltet. Dies geschieht mit *noDisplay()* und *Display()* zum Wiedereinschalten.

```
lcd.noDisplay();         // LCD ausschalten
lcd.display();           // LCD wieder einschalten
```

In der Hauptschleife *loop()* wird nun die seit dem Programmstart vergangene Zeit ausgegeben. Auch hier werden die bereits bekannten Befehle verwendet. Mit *lcd.print()* können wir alle bekannten Datentypen direkt ausgeben.

```
lcd.setCursor(0, 1);     // Zeile 2,
lcd.print(millis()/1000); // vergangene Zeit in Sekunden ausgeben
lcd.print(" Sekunden");
```

In der Zeile drei wird noch der gemessene Wert des Analogeingangs 0 ausgegeben. Dies geschieht an dieser Stelle trickreich. Da die Hauptschleife das Programm sehr schnell abarbeitet und der Analogwert viel zu schnell aktualisiert werden würde, wird eine künstliche Ausgabeverzögerung eingebaut. Dies geschieht hier nicht mit *delay()*, sondern über die *millis()*-Funktion. Der Wert seit dem letzten Durchlauf wird durch 500 geteilt, sodass man bereits eine 0,5-Sekunden-Teilung erhält. In der Variablen *x* wird der Wert des letzten Durchlaufs festgehalten. Erst wenn dieser Wert ungleich dem aktuellen Wert ist, wird

## Kapitel 17: LC-Displays LCDs

der Analogwert aktualisiert. Der große Vorteil daran ist, dass das Hauptprogramm einfach weiterläuft, ohne ausgebremst zu werden.

```
if(x!=(millis()/500))
{
    raw=analogRead(Poti);
    lcd.setCursor(0,2);
    lcd.print("ADC0 = ");
    lcd.setCursor(7,2);
    lcd.print("     ");
    lcd.setCursor(7,2);
    lcd.print(raw);
    x=millis()/500;
}
```

In der vierten und letzten Zeile werden die Zeichen ausgegeben, die der Mikrocontroller über die serielle Schnittstelle empfängt. Dazu öffnet man das Terminalprogramm und sendet ein paar Zeichen mit 9.600 Baud. Die Zeichen erscheinen im LCD.

```
if(Serial.available()>0)      // Sind Zeichen da?
{
    if(i==20)                 // Display voll?
    {                         // Ja, dann zurücksetzen
        i=0;
        lcd.setCursor(0,3);
        lcd.print("    ");    // Zeile löschen
    }

    lcd.setCursor(i,3);       // Immer eine Position vorrücken
    lcd.write(Serial.read()); // Zeichen ausgeben
    i++;
}
```

Hier muss man aber bedenken, dass kein Schutz vor Variablen-Überlauf vorgesehen ist. Die ADC-Ausgabe wird nach 16.383 Sekunden nicht mehr im 0,5-Sekunden-Takt erfolgen.

# A  Anhang

## A.1  Arduino zu ATmega Pinmap

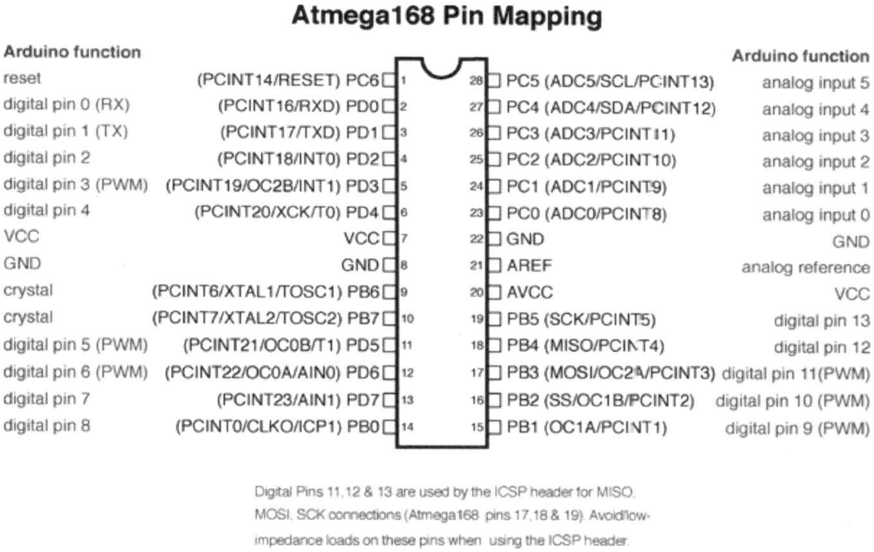

**Atmega168 Pin Mapping**

| Arduino function | | ATmega168 pin | | Arduino function |
|---|---|---|---|---|
| reset | (PCINT14/RESET) PC6 | 1 — 28 | PC5 (ADC5/SCL/PCINT13) | analog input 5 |
| digital pin 0 (RX) | (PCINT16/RXD) PD0 | 2 — 27 | PC4 (ADC4/SDA/PCINT12) | analog input 4 |
| digital pin 1 (TX) | (PCINT17/TXD) PD1 | 3 — 26 | PC3 (ADC3/PCINT11) | analog input 3 |
| digital pin 2 | (PCINT18/INT0) PD2 | 4 — 25 | PC2 (ADC2/PCINT10) | analog input 2 |
| digital pin 3 (PWM) | (PCINT19/OC2B/INT1) PD3 | 5 — 24 | PC1 (ADC1/PCINT9) | analog input 1 |
| digital pin 4 | (PCINT20/XCK/T0) PD4 | 6 — 23 | PC0 (ADC0/PCINT8) | analog input 0 |
| VCC | VCC | 7 — 22 | GND | GND |
| GND | GND | 8 — 21 | AREF | analog reference |
| crystal | (PCINT6/XTAL1/TOSC1) PB6 | 9 — 20 | AVCC | VCC |
| crystal | (PCINT7/XTAL2/TOSC2) PB7 | 10 — 19 | PB5 (SCK/PCINT5) | digital pin 13 |
| digital pin 5 (PWM) | (PCINT21/OC0B/T1) PD5 | 11 — 18 | PB4 (MISO/PCINT4) | digital pin 12 |
| digital pin 6 (PWM) | (PCINT22/OC0A/AIN0) PD6 | 12 — 17 | PB3 (MOSI/OC2A/PCINT3) | digital pin 11 (PWM) |
| digital pin 7 | (PCINT23/AIN1) PD7 | 13 — 16 | PB2 (SS/OC1B/PCINT2) | digital pin 10 (PWM) |
| digital pin 8 | (PCINT0/CLKO/ICP1) PB0 | 14 — 15 | PB1 (OC1A/PCINT1) | digital pin 9 (PWM) |

Digital Pins 11,12 & 13 are used by the ICSP header for MISO, MOSI, SCK connections (Atmega168 pins 17,18 & 19). Avoid low-impedance loads on these pins when using the ICSP header.

**Bild A.1:** Pinmapping ATmega168 zu Arduino

## A.2  Escape-Sequenzen

Die Befehle beginnen immer mit <ESC>, was ASCII CHR(27) entspricht. Das Terminal muss dazu VT100-kompatibel sein!

**Beispiel:**
```
Serial.write(27);
Serial.println("[01;40H");
```
Stellt den Cursor in die oberste Zeile, genau in die Mitte.

## Terminal-Ausgaben

**Pfeiltasten**

Pfeil oben
<ESC>[A
Pfeil unten
<ESC>[B
Pfeil rechts
<ESC>[C
Pfeil links
<ESC>[D

**EDIT Keys**

Pos 1 (Home)
<ESC>[1~
Bild rauf
<ESC>[5~
Bild runter
<ESC>[6~

**Terminal-Befehle**

Freie Positionierung des Cursors irgendwo am Schirm:
<ESC>[nn;mmH
- nn die Zeilennummer 1-24
- mm die Spalternummer 1-80 oder 1-132

**Zeichenattribute**

<ESC>[param
Mögliche »param« sind:
- 0 = Normal
- 1 = Heller (bold)
- 4 = Unterstrichen
- 5 = Blinkend
- 7 = Reverse (dunkel auf hell oder umgekehrt)

Dabei können mehrere Attribute angegeben werden, jedoch durch Semikolon getrennt:

**Beispiel:**
```
<ESC>[param1;param2;param3m
```

**Beispiel:**
Will man bei einer Eingabe den Aufforderungstext verkehrt darstellen, sendet man:

```
// setzt attribut "revers"
Serial.write(27); Serial.println("[7m")
// der Text
Serial.println("VORNAME ?>");
// Attribut wieder normal
Serial.write(27); Serial.println("[0m");
```

**Löschbefehle**

Die Zeile rechts des Cursors löschen
<ESC>[K
Die Zeile links des Cursors löschen
<ESC>[1K
Vom Cursor abwärts den ganzen Schirm löschen
<ESC>[2J
Oberhalb des Cursors den ganzen Schirm löschen
<ESC>[J

## A.3 ASCII-Tabelle

*ASCII-Tabelle*

| CHAR | DEC | HEX | BIN | Description |
|---|---|---|---|---|
| NUL | 000 | 000 | 00000000 | Null Character |
| SOH | 001 | 001 | 00000001 | Start of Header |
| STX | 002 | 002 | 00000010 | Start of Text |
| ETX | 003 | 003 | 00000011 | End of Text |
| CHAR | DEC | HEX | BIN | Description |
| EOT | 004 | 004 | 00000100 | End of Transmission |
| ENQ | 005 | 005 | 00000101 | Enquiry |
| ACK | 006 | 006 | 00000110 | Acknowledgment |
| BEL | 007 | 007 | 00000111 | Bell |
| BS | 008 | 008 | 00001000 | Backspace |
| HAT | 009 | 009 | 00001001 | Horizontal TAB |
| LF | 010 | 00A | 00001010 | Line Feed |
| VT | 011 | 00B | 00001011 | Vertical TAB |
| FF | 012 | 00C | 00001100 | Form Feed |
| CR | 013 | 00D | 00001101 | Carriage Return |
| SO | 014 | 00E | 00001110 | Shift Out |
| SI | 015 | 00F | 00001111 | Shift In |
| DLE | 016 | 010 | 00010000 | Data Link Escape |
| DC1 | 017 | 011 | 00010001 | Device Control 1 |

## ASCII-Tabelle

| CHAR | DEC | HEX | BIN | Description |
|---|---|---|---|---|
| DC2 | 018 | 012 | 00010010 | Device Control 2 |
| DC3 | 019 | 013 | 00010011 | Device Control 3 |
| DC4 | 020 | 014 | 00010100 | Device Control 4 |
| NAK | 021 | 015 | 00010101 | Negative Acknowledgment |
| SYN | 022 | 016 | 00010110 | Synchronous Idle |
| ETB | 023 | 017 | 00010111 | End of Transmission Block |
| CAN | 024 | 018 | 00011000 | Cancel |
| EM | 025 | 019 | 00011001 | End of Medium |
| SUB | 026 | 01A | 00011010 | Substitute |
| ESC | 027 | 01B | 00011011 | Escape |
| FS | 028 | 01C | 00011100 | File Separator |
| GS | 029 | 01D | 00011101 | Group Separator |
| RS | 030 | 01E | 00011110 | Request to Send, Record Separator |
| US | 031 | 01F | 00011111 | Unit Separator |
| SP | 032 | 020 | 00100000 | Space |
| ! | 033 | 021 | 00100001 | Exclamation Mark |
| « | 034 | 022 | 00100010 | Double Quote |
| # | 035 | 023 | 00100011 | Number Sign |
| $ | 036 | 024 | 00100100 | Dollar Sign |
| % | 037 | 025 | 00100101 | Percent |
| & | 038 | 026 | 00100110 | Ampersand |
| ' | 039 | 027 | 00100111 | Single Quote |
| ( | 040 | 028 | 00101000 | Left Opening Parenthesis |
| ) | 041 | 029 | 00101001 | Right Closing Parenthesis |
| * | 042 | 02A | 00101010 | Asterisk |
| + | 043 | 02B | 00101011 | Plus |
| , | 044 | 02C | 00101100 | Comma |
| - | 045 | 02D | 00101101 | Minus or Dash |
| . | 046 | 02E | 00101110 | Dot |
| / | 047 | 02F | 00101111 | Forward Slash |
| 0 | 048 | 030 | 00110000 | |
| 1 | 049 | 031 | 00110001 | |
| 2 | 050 | 032 | 00110010 | |
| 3 | 051 | 033 | 00110011 | |
| 4 | 052 | 034 | 00110100 | |
| 5 | 053 | 035 | 00110101 | |
| 6 | 054 | 036 | 00110110 | |
| 7 | 055 | 037 | 00110111 | |
| 8 | 056 | 038 | 00111000 | |

## ASCII-Tabelle

| CHAR | DEC | HEX | BIN | Description |
|---|---|---|---|---|
| 9 | 057 | 039 | 00111001 | |
| : | 058 | 03A | 00111010 | Colon |
| ; | 059 | 03B | 00111011 | Semi-Colon |
| < | 060 | 03C | 00111100 | Less Than |
| = | 061 | 03D | 00111101 | Equal |
| > | 062 | 03E | 00111110 | Greater Than |
| ? | 063 | 03F | 00111111 | Question Mark |
| @ | 064 | 040 | 01000000 | AT Symbol |
| A | 065 | 041 | 01000001 | |
| B | 066 | 042 | 01000010 | |
| C | 067 | 043 | 01000011 | |
| D | 068 | 044 | 01000100 | |
| E | 069 | 045 | 01000101 | |
| F | 070 | 046 | 01000110 | |
| G | 071 | 047 | 01000111 | |
| H | 072 | 048 | 01001000 | |
| I | 073 | 049 | 01001001 | |
| J | 074 | 04A | 01001010 | |
| K | 075 | 04B | 01001011 | |
| L | 076 | 04C | 01001100 | |
| M | 077 | 04D | 01001101 | |
| N | 078 | 04E | 01001110 | |
| O | 079 | 04F | 01001111 | |
| P | 080 | 050 | 01010000 | |
| Q | 081 | 051 | 01010001 | |
| R | 082 | 052 | 01010010 | |
| S | 083 | 053 | 01010011 | |
| T | 084 | 054 | 01010100 | |
| U | 085 | 055 | 01010101 | |
| V | 086 | 056 | 01010110 | |
| W | 087 | 057 | 01010111 | |
| X | 088 | 058 | 01011000 | |
| Y | 089 | 059 | 01011001 | |
| Z | 090 | 05A | 01011010 | |
| [ | 091 | 05B | 01011011 | Left Opening Bracket |
| \ | 092 | 05C | 01011100 | Back Slash |
| ] | 093 | 05D | 01011101 | Right Closing Bracket |
| ^ | 094 | 05E | 01011110 | Caret |
| _ | 095 | 05F | 01011111 | Underscore |

## ASCII-Tabelle

| CHAR | DEC | HEX | BIN | Description |
|---|---|---|---|---|
| ` | 096 | 060 | 01100000 | |
| a | 097 | 061 | 01100001 | |
| b | 098 | 062 | 01100010 | |
| c | 099 | 063 | 01100011 | |
| d | 100 | 064 | 01100100 | |
| e | 101 | 065 | 01100101 | |
| f | 102 | 066 | 01100110 | |
| g | 103 | 067 | 01100111 | |
| h | 104 | 068 | 01101000 | |
| i | 105 | 069 | 01101001 | |
| j | 106 | 06A | 01101010 | |
| k | 107 | 06B | 01101011 | |
| l | 108 | 06C | 01101100 | |
| m | 109 | 06D | 01101101 | |
| n | 110 | 06E | 01101110 | |
| o | 111 | 06F | 01101111 | |
| p | 112 | 070 | 01110000 | |
| q | 113 | 071 | 01110001 | |
| r | 114 | 072 | 01110010 | |
| s | 115 | 073 | 01110011 | |
| t | 116 | 074 | 01110100 | |
| u | 117 | 075 | 01110101 | |
| v | 118 | 076 | 01110110 | |
| w | 119 | 077 | 01110111 | |
| x | 120 | 078 | 01111000 | |
| y | 121 | 079 | 01111001 | |
| z | 122 | 07A | 01111010 | |
| { | 123 | 07B | 01111011 | Left Opening Brace |
| \| | 124 | 07C | 01111100 | Vertical Bar |
| } | 125 | 07D | 01111101 | Right Closing Brace |
| ~ | 126 | 07E | 01111110 | Tilde |
| DEL | 127 | 07F | 01111111 | Delete |

# Bezugsquellen

**Elektronikladen Zentrale**
Hohe Straße 9-13
04107 Leipzig

**Elektronikladen Vertrieb**
Bielefelder Straße 561
32758 Detmold
*www.elmicro.com*

**Conrad Electronic SE**
Klaus-Conrad-Straße 1
92240 Hirschau
*www.conrad.de*

**Reichelt Elektronik GmbH & Co. KG**
Elektronikring 1
26452 Sande
*www.reichelt.de*

**Roboter-Teile**
EDV-Beratung & Robotertechnik Jörg Pohl
Baluschekstraße 9
01159 Dresden
*www.roboter-teile.de*

**Electronic Assembly GmbH**
Zeppelinstraße 19
82205 Gilching bei München
*http://www.lcd-module.de*

**Sommer-Robotics**
Ulli Sommer
Bahnhofstraße 8
92726 Waidhaus
*www.sommer-robotics.de*

# Stichwortverzeichnis

**Symbole**
#Define-Anweisungen 81
10-kΩ-Potenziometer 246
4-Bit-Mode 245

**A**
abs(x) 95
Abstrakte Maschine 188
ADC 16, 119, 184, 191, 193, 205
ADC-Ausgabe 252
ADC-Kanäle 192
Adresse 209
Akkus 234
Alarm 174
Alarmanlage 174
Ampel 188
analog 151
Analogeingang 186, 193, 251
analogRead 120
analogRead() 128, 184
analogWrite 124
Analysator 237
Anode 43
ANSI-C 19
Ansteuerung 244
Arbeitsspeicher 14, 15
Arduino Diecimila 63
Arduino-Duemilanove-Board 38
Ardumoto 32
ArduPilot 34
Arithmetik 80

Arrays 78
 dynamisches 79
ASCII-Tabelle 255
ASCII-Zeichen 105, 242
Atmega1280 22
Auflösung 120
Ausgang 113

**B**
Basis B 47
Batterien 8
Baudrate 102
BIN 105
binery digits 69
Blickwinkel 238
Boolean 76
Breadboard 38, 50
Byte 76, 105
Byte() 93

**C**
C 19
CD-ROM 7
Char 76
Char() 93
Checksumme 192
CISC 17
CISC-Technologie 16
Codeschloss 177
Comport 63
Comport-Nummer 57
COM-Schnittstelle 58
constrain(x, a, b) 95
Continue 92
cos(rad) 99

C-Programmierung 74
CPU 14
CRC 192

**D**
DAC 16
Dämmerungsschalter 172
Daten drahtlos übermitteln 35
Datenbits 108
Datentransfer 244
Datentypen 75, 78
Datenverarbeitung 13
DA-Wandler 151
DEC 104
Decrement 80
delay 67, 127
delay() 130, 168, 251
Digitalport 133
digitalRead 114, 124, 142
digitalWrite 67, 114, 124
Diode 47
Display 244, 246
Display() 251
Displaycontroller 242
do while 88
DOP-Wert 226
Dot-Matrix 237
Dot-Matrix-Displays 240
do-while-Schleife 141
Download 66
Drift 184
Durchlassrichtung 145

## E

E12-Reihe 146
E24-Reihe 44
Eingang 113
Einschaltverzögerung 143
Einstellungen 64
Elektrolytkondensator 46
else if 83
Emitteranschluss 47
Entfernungsmesser 221
Entstörung 149
Entwicklungsumgebung (IDE) 61
Escape-Sequenzen 253
Ethernet Shield 36
EVA 70
EXT 40

## F

Farad 45
Farbcode 44
Flash-Speicher 15
Float 77
Float() 93
for 86, 88
Freilaufdiode 151
Frequenz 156
FSTN-Technik 238
FT232R 58
FT232RL 51, 57
FTDI-Treiber 52
Funkstrecke 35
Funktionen 91
　Mathematische 93
Funktionsdefinition 76

## G

Gerätemanager 63
Geschweifte Klammer 75
Getriebemotor 233
Global Positioning System (GPS) 225
GPL 7

GPS-Protokoll 228
GPS-Signale 226
Grad Celsius 110
Grad Fahrenheit 110
Graphen 198
Grenzfrequenz 152
Grundlagen 69

## H

Halbbyte 69
Halbleitermaterial 49
HAL-Prinzip 68
Hardware 21
　UART 102
HD44780 240
HD44780-/KS0066-Standard 248
H-DOP 226
HEX 104
high 67
Highbyte 192

## I

I/O-Board 21
I²C 213
I²C-Bus 209
IDE (siehe Entwicklungsumgebung) 61
if 83
IF 145
if – else 82
Induktionsspannung 151
Informationsverarbeitungsprozesses 19
Initialisierung 245
Inkrement 80
Input-Konfiguration 113
Int() 93
Integer 77
Interruptus 71
ISP-Anschluss 40

## K

Kapazität 45
Kapazitätsmesser 181
Kathode 43
Keramikkondensator 46
Kleinsignaltransistor 47, 148
Kohleschichtwiderstand 43
Kollektor 47
Kommunikation 100
Kompilieren 62
Kondensator 45, 181
Konstante 81
Kontrast 240, 248
Kontrasteinstellung 240
Kontrollstrukturen 81

## L

Lautsprecher 47
LCD 241, 248
　Pinbelegung 243
lcd.print() 251
lcd.setCursor() 251
LCD-Modul 240, 245, 246
LDR 49, 169, 172, 174
LED 145, 148, 149
LED-Doppelblitzer 146
Leuchtdiode 43
Library 251
Lichtempfindlichkeit 171
LM75 213
Lokale 76
Long 77
Long() 93
loop() 251
Löschbefehle 255
Lowbyte 192
Lüftersteuerung 169

## M

map(x, fromLow, fromHigh, toLow, toHigh) 96

max(x, y) 94
MAX232 227
Melodien 157
Menü 62
Messgeräte 181
micros() 127, 131, 168
Mikrocontrollerboard 63
Mikrosekunden 131
millis() 128, 130, 251
min(x, y) 93
Modellbauservo 233
Modellflugzeug 34
Modularität 90
MProg 52, 53, 56
Multiplexbetrieb 238

**N**
Neu 62
Nibble 69
noDisplay() 251
Not(!)-Funktion 135
NTC 241

**O**
OCT 105
Öffnen 62
Operator 80, 82
Oszilloskop 197
Output-Konfiguration 113

**P**
Parameter 107
Parity Bit 108
PCF8574 217
Peripherie 16
Pfeiltasten 254
Philips 209
Physikalische Größen 13
Piezo-Schallwandler 47, 126, 156, 165
Pinmapping 253
pinMode 67, 113
Polarisation 238

Polarisator 237
Port 148
Portexpander 217
Potenzialfreier Kontakt 151
Potenziometer 49, 122, 161, 171, 184, 198, 233, 240
pow(base, exponent) 97
Power ON-LED 39
Programm übertragen 62
Programmierumgebung 58
Programmierung 57
 prozedurale 70
 sequenzielle 70
Programmspeicher 14, 15
ProtoShield 32
Prozedur 70
Puffer 103, 109
Pull-down-Widerstand 117
Pull-up-Widerstand 113, 116, 117, 118, 181
PWM (Pulse Width Modulation) 122, 133
PWM-Signal 151, 155
PWM-Wert 136

**Q**
Quittungstöne 157

**R**
RAM 16
random(min, max) 128
randomSeed(seed) 128
RC-Glied 137, 151
RC-Tiefpass 152
Referenzspannung 119, 120
Reflektiv 239
Relais 151
Reset-Taster 40
Ringbuffer 111
Rippel 152
RISC 17
RISC-Technologie 16
Routinen 90

RTC 163, 165

**S**
Satelliten 226
Schaltdraht 48
Schleifer 86
Schnittstelle 8
Schutzdiode 116
SCL 210
SDA 210
seed 128
Semikolon 75
Sensortaster 186
Serial.available() 103
Serial.begin(Baudrate) 102
Serial.end() 103
Serial.flush() 104
Serial.print() 100, 104
Serial.println() 100, 106
Serial.read() 103
Serial.write() 107
Serielle Ein-/Ausgabe 100
Serielle Übertragung 108
Servo 233
Shields 31
Signal 196
Siliziumdiode 47
sin(rad) 98
Sinusfunktion 135, 138
Sinustabellen 137
Smart Project 21
Software UART 111
Sortimentsbox 8
Soundbefehl 157
Spannung 124
Spannungs-Plotter 193, 198
Speichern 62
Speicheroszilloskop 196
Spikes 138
Spreizwiderstand 246
sq(x) 97
Sqrt(x) 98
SRF02 221

StampPlot 198
Startbit 108
State Machine 188
Steckbrett 50
Steuern 202
Steuerung Gewächshaus 13
Stiftleiste 248
STNs (Super-Twisted-Nematics) 238
Stopp 62
Stoppbit 108
String 78, 108
Strom 148
Stromversorgung 40, 233
Sub Routine 90
switch case 85
Syntaxfehler 65

**T**
tan(rad) 100
Taster 48, 138
Tasterzustand 114
Tastverhältnis 122
Teileliste 37, 38
TellyMate 33
Temperaturschalter 205
Temperatursensoren 213
Terminal 62, 64, 109
Terminal-Ausgaben 254
Terminal-Befehle 254
Terminal-Programm 73
Tiefpass 151
Timer 169

TN(Twisted-Nematic)-Displays 238
Toleranzangabe 43
tone() 156
Tonerzeugung 156
Toolbar 62
Transflektiv 239
Transistor 47, 148, 149, 151
Transistor-LED-Dimmer 133
Transmissiv 239
Treiber 51
Trimmwiderstand 49
Türöffner 177
Typenkonvertierung 104
Typenumwandlung 93

**U**
UART 100, 112
UART-Schnittstelle 51, 111, 193
Uhr 163
Uhrzeit 168
Ultraschallsensor 221
Umgebungstemperaturbereich 241
Unsigned Char 77
Unsigned int 77
Unsigned Long 77
USB 40
USB-Buchse 40
USB-Chip 51
USB-seriell-Wandler 58
USB-zu-Seriell-Adapter 52

**V**
Variablen 75
 lokale 75
 globale 76
Variablen-Namen 75
VB.NET 192, 194, 196, 202
VB.NET-Programm 137
V-DOP 226
Vergleich 80
Verstärkung 148
Vf 145, 205
Virtueller Comport 51
Visualisieren 191
void loop() 67, 91
void setup() 67, 91
Voltmeter 193
Vorwiderstand 145
VT100 253

**W**
while 88
Widerstände 43
Wire-Bibliothek 215
Wiznet W5100 36

**X**
XBee 35

**Z**
Zeichenattribute 254
Zeichensatz 242
Zeit 130
Zufallszahlengenerator 161